女子美髮
丙級學術科
證照考試指南

黃振生 編著

自序

　　為落實證照制度、政府規定凡從事技術性工作者均需領有證照，而丙級證照是最重要的檢定。筆者從事美髮教育數年來，有鑒於女子美髮丙級檢定考試的參考書籍並不多見，且在教學上諸多不便，所以計畫著手進行本書的出版，祈望能給美髮教師做為上課的輔助教材與學生課後溫習的工具書。

　　本書在術科的操作上均有詳細的分解動作與解說，全部以女子美髮丙級的內容為規範、提供了正確的準備方向與重點提示，相信只要肯用心、多練習，屆時通過丙級檢定絕非難事。

　　本書得以出版最感謝是能仁家商林欣穎老師提供諸多的意見及支持，揚智文化事業股份有限公司葉忠賢總經理、林新倫副總經理與賴筱彌小姐的鼎力協助，讓本書能順利出版，謹藉此致上最誠摯的謝意。本書之出版若有疏漏之處，尚祈不吝指正。

　　另外，有關各種技術問題，可洽作者電子郵件信箱：
s052810@ms45.hinet.net

黃振生 謹識

如何使用本書

　　女子美髮丙級檢定考分為學科與術科測驗，術科部分分為燙、整、染、剪吹、衛生技能等。學科則有試題供為參考之用。為使教師與學生在使用本書時，能彼此更加互動，而使本書產生最佳的效用與目的，作者提供以下方法予讀者。

教師使用方法

1. 課程開始前帶領學生閱讀本書，告知各項測驗內容，評分標準及注意重點，使學生對丙級有整體的概念。
2. 本書工具表中有詳細的圖片，教師可參照說明。
3. 每一單元教學前參照本書操作技巧，以口述方式強調先有觀念再行示範，以達到觀念與實際合一的目的。
4. 配合術科進度，教師可要求學生在課後搭配學科試題練習，以達到雙管齊下的目的。
5. 學科是非題教師可配合口述，使學生更明瞭內容。

學生使用方法

1. 教師授教每一單元之術科後，將全部流程瀏覽一遍。
2. 課後不瞭解的內容，可參照各項動作，再回想教師教授內容。
3. 利用本書之工具書，以確認考前工具是否準備齊全。
4. 學科每一題均需親自作答，以培養平時之實力。
5. 對於學科解答應充分了解，避免死記。

目錄

自序	3
如何使用本書	5
應檢人員須知	11
試題使用說明	16
試場及時間分配表	18
術科測驗項目、時間及配分表	20
應檢人員自備工具表	21
美髮技能：燙髮試題	**27**
燙髮評分標準	28
燙髮技巧說明	29
美髮技能實作試題	32
標準式燙髮試題（一）：分區	
標準式燙髮試題（一）：捲髮	
美髮技能實作試題	43
扇形式燙髮試題（二）：分區	
扇形式燙髮試題（二）：捲髮	
美髮技能：整髮試題	**53**
整髮評分標準	54
捲筒（青捲）技巧說明	55
夾捲技巧說明	57

手筒（空心捲）技巧說明 60

美髮技能實作試題 63
　整髮試題（一）側分線髮筒與夾捲

美髮技能實作試題 70
　整髮試題（二）不分線髮筒與夾捲

美髮技能實作試題 76
　整髮試題（三）不分線手捲與夾捲

美髮技能：染髮試題 81

染髮評分標準 82
美髮技能實作試題 83
　染髮試題（一）：白髮染黑
美髮技能實作試題 89
　染髮試題（二）：漂染

美髮技能：剪髮試題 95

剪吹髮評分標準 96
美髮技能實作試題 97
　剪髮試題（一）：水平剪法
美髮技能實作試題 104
　剪髮試題（二）：逆斜線剪法
美髮技能實作試題 111
　剪髮試題（三）：正斜線剪法
吹風說明 118

衛生技能實作試題　　　　　　　　　　　121

衛生技能：化妝品安全衛生辨識　　　　　123

衛生技能：消毒液和消毒方法之辨識與操作　130

衛生技能：洗手與手部消毒操作　　　　　145

場地設備　　　　　　　　　　　　　　　156

附錄：女子美髮丙級學科試題　　　　　　161

應檢人員須知

一、女子美髮丙級技術士技能檢定學科測驗及術科測驗於
同一天舉行,各項測驗時間的程序,係依各測驗承辦
單位當天應檢人數而不同。接獲承辦單位通知及資料
後,務請詳讀各項規定及說明,依時前往應考。測驗
時間及試場分配詳見「女子美髮丙級技術士技能檢定
各小組測驗時間及試場表」。

二、應檢人員應於測驗開始前20分鐘辦妥報到手續。

1.攜帶身分證、准考證及測驗通知單。

2.領取術科測驗號碼牌,確知應檢組別(號碼牌應於當
天測驗完畢離開試場時交回)。

三、應檢人員服裝儀容應整齊,術科測驗時穿著符合規定
的工作服,佩帶術科測驗號碼牌;長髮應梳理整潔並
紮妥;不得佩帶會干擾美髮工作進行的珠寶及飾物。

四、術科測驗分三個試場進行。美髮技能實作測驗在第
一、二試場,分別進行燙、整、染髮及剪吹髮;衛生
技能實作測驗即在第三試場進行。各試場測驗項目與
時間,乃依各承辦單位當天應檢人數而略有不同,詳
見「女子美髮丙級技術士術科測驗試場以及時間分配
表」。

五、美髮技能實作測驗項目試題數和實作時間,及衛生技
能測驗項目、方法和實作時間,詳見「女子美髮丙級

技術士技能檢定試題使用說明」。應檢人員應參加兩類七項技能的實作測驗。

六、應檢人員自備的假人頭：應檢人員應檢時須自備假人頭，其條件如下：

1.應檢人員自備的假人頭，其所需之一切費用，概由應檢人員自理。

2.應檢人員應自備假人頭二個，及腳架等附件一套。

3.應檢人員所備假人頭的規格如下，須經檢查合格始得參加。

◇剪吹髮用一個：未曾修剪過，頭髮長度由頸背算起至少25公分以上。

◇燙、髮、染用一個：修剪過的髮長如下（附圖）：

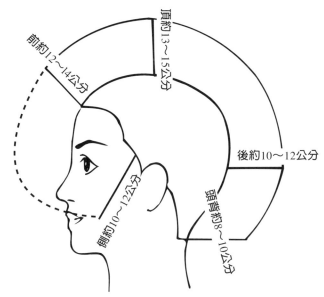

七、應檢人員須準時到達術科測驗試場，進入試場時應接受下列各項檢查，違規者相關項目的成績予以扣分或不予計分。

　　1.准考證及測驗號碼。

　　2.假人頭：數量、規格是否符合規定，若不符合規定者准予更換；事先在頭皮上做記號或修剪頭髮者，則該項測驗不予計分。

　　3.自備用具：不符合規定者不得攜帶入場或放置在試場鄰近處。

八、美髮實作測驗試題的抽籤：第一試場燙髮、整髮、染髮，第二試場剪吹髮，各項目測驗開始前，由各試場控場評審指定一應檢人員，抽取一個試題號碼，進行測驗。

九、測驗時間開始後10分鐘，即不得進場應檢，該項成績為0分。

十、各試場的控場評審於術科測驗開始時解說試題及注意事項。應檢人員若有疑問，應在規定時間之內就地舉手，待評審委員到達面前始得發問。

十一、各測驗項目應於規定時間內完成，並依監評人員指示接受評審。各單項測驗不符合主題，或在規定時間內未完成者，依規定扣分或不予計分。

十二、術科測驗成績計算方法如下：

　　1.術科測驗項目及成績的計算如「術科測驗項目、

時間及配分表」。

2. 美髮技能實作共有四項測驗，各項成績即燙髮30分、整髮20分、染髮10分、剪吹髮40分，總分以100分爲滿分。

3. 衛生技能實作共有三項測驗，包括化妝品安全衛生之辨識30分、洗手與手部消毒操作10分、消毒液配製與消毒方法之辨識及操作60分，總分仍以100分爲滿分。

4. 美髮技能及衛生技能，其總評均以得分的總計60分以上（含60分）者爲及格；不及60分者爲不及格。

5. 美髮技能與衛生技能兩類實作測驗總評均爲及格者，其術科測驗總評才算及格，若其中任何一類不及格，則術科測驗總評爲不及格。

十三、應檢人員於測驗中不得高聲談論、窺視他人操作、故意讓人窺視其操作或未經許可任意走動。若因故須離開試場時，須經負責評審委員核准，並派員陪同始可離開，但時間不得超過10分鐘，並不予折計。

十四、應檢人員所帶器材均應合法，否則相關項目的成績不予計分。對於器材操作應注意安全，如因操作失誤而發生意外，應自負責任。

十五、測驗時間開始或結束，悉聽監評人員之口頭通知，不得自行提前或延後。

十六、應檢人員如有嚴重違規或危險動作等情事，經評審

委員議決並作成事實紀錄，得取消其應檢資格。

十七、應檢人員除遵守本須知所訂事項以外，應隨時注意
承辦單位或評審長臨時通知的事宜。

十八、技能檢定學科成績及術科成績均及格者爲合格。學
科成績或術科成績之一及格者，其成績均得保留三
年。

試題使用說明

一、女子美髮丙級技術士技能檢定分學科測驗以及術科測
　　驗二種。

　　術科測驗分美髮技能實作測驗以及衛生技能實作測驗，
　　測驗試題採考前公開方式，由各術科測驗承辦單位於考
　　前寄發予應檢人員。

二、美髮技能實作測驗分：燙、整、染技能以及剪吹技能
　　等四項，在兩試場進行。

　　1.測驗項目的名稱，預設的試題數、試場、應檢人數及
　　　實作時間如下：

測　　驗　　項　　目		試題數	試　場	應檢人數	實作時間
一	燙 髮	2	第 一	60	35分
二	整 髮	3			30分
三	染 髮	2			25分
四	剪 吹 髮	3	第 二	30	40分

　　2.每一項測驗開始前，由控場評審指定應檢人員代表公
　　　開抽出其中一題，實施測驗。

　　3.應檢人員須做完每一項測驗。

三、衛生技能測驗分三項,在一個試場進行。

　　1.測驗項目、方法、試場、應檢人數及實作時間如下:

測　　驗　　項　　目	方　　法	試　場	應檢人數	實作時間
一　化妝品安全衛生之辨識	書面作答			4分
二　消毒液和消毒方法之辨識與操作	書面作答與操作	第　三	30	10分
三　洗手與手部消毒操作	書面作答與操作			4分

　　2.應檢人員須做完每一項測驗。

四、美髮技能實作測驗時間,第一～三項共計約2小時(包括實作及評分時間),第四項約為1小時(同前);衛生技能實作測驗時間約為1小時(全體應檢人員測驗完畢時間)。

試場及時間分配表

一、本表以術科測驗應檢人員120名為標準而定。

二、術科測驗設三個試場,各試場實作測驗項目、各項測
驗實作時間及檢定時間(包括實作時間及評分時間)
如下:

1.第一試場:

燙髮技能,35分鐘 ┐
整髮技能,30分鐘 ├── 檢定時間約120分鐘
染髮技能,25分鐘 ┘

2.第二試場:

剪髮技能,30分鐘 ┐
                       ├── 檢定時間約60分鐘
吹髮技能,10分鐘 ┘

3.第三試場:衛生技能,24分鐘 ── 檢定時間約60分鐘

化妝品安全衛生之辨識技能,4分鐘 ┐
消毒液和消毒方法之辨識與操作
               技能,10分鐘 ├── 測驗時間約
洗手與手部消毒操作技能,4分鐘 ┘   60分鐘

三、應檢人員就測驗號碼分組，依序參加測驗，各試場測
　　驗項目、時間分配、應檢人員組別及測驗號碼如下：

　　應檢人員：120名分A～D組，每組人數30名。

　　試場：術科測驗試場三間及學科測驗試場

　　監評人員：美髮技能中，燙整染組12名，剪吹組6名，
　　　　　　　各以3名一組監評15名應檢人員。
　　　　　　　衛生技能評審5名。

試場　　時間	第一試場 燙整染組	第二試場 剪吹組	第三試場 衛生實作組
8：00 ｜ 9：00	A、B組 (1~30)(31~60)	C組 (61~90)	D組 (91~120)
9：00 ｜ 10：00		D組 (91~120)	C組 (61~90)
10：00 ｜ 11：00	C、D組 (61~90)(91~120)	A組 (1~30)	B組 (31~60)
11：00 ｜ 12：00		B組 (31~60)	A組 (1~30)
13：00 ｜ 14：00	學科測驗 (1~120)		
14：00 ｜ 15：00			

術科測驗項目、時間及配分表

類目	項次	檢 定 項 目	時間（分鐘）	配分（％）	備 註
一、美髮技能實作 100％	1	燙髮（2題抽1題）	35分鐘	30％	
	2	整髮（3題抽1題）	30分鐘	20％	
	3	染髮（2題抽1題）	25分鐘	10％	
	4	剪吹髮（3題抽1題）	40分鐘	40％	
		合 計	130分鐘	100％	
二、衛生技能實作 100％	1	化妝品安全衛生之辨識	4分鐘	30％	
	2	消毒液和消毒方法之辨識與操作	10分鐘	60％	
	3	洗手與手部消毒操作	4分鐘	10％	
		合 計	18分鐘	100％	

應檢人員自備工具表

壹、共同工具

頭殼、腳架
數量：1組

水槍
數量：1支

尖尾梳
數量：1支

毛巾
數量：3條

白色圍巾
數量：1條

白色工作服
數量：1件

◇共同工具表示可重複使用

貳、燙髮工具

頭皮
數量：1頂

冷燙捲棒
藍：35捲
綠、紫：各25捲

冷燙紙
數量：1包

橡皮筋
數量：1包

共同工具
◇毛巾　　　　數量：1
◇水槍　　　　數量：1
◇尖尾梳　　　數量：1
◇白色圍巾　　數量：1

參、整髮工具

頭皮（彈性燙）
數量：1頂

髮膠（需合格）
數量：1瓶

黑色小髮夾
數量：1包

青捲
數量：15捲

共同工具
◇毛巾　　　數量：2
◇水槍　　　數量：1
◇尖尾梳　　數量：1
◇白色圍巾　數量：1

肆、染髮工具

頭皮
數量：1頂

黑色圍巾
數量：1條

黑色工作服
數量：1件

染碗、刷
數量：1組

手套
數量：2雙

塑膠夾
數量：5支

共同工具
◇毛巾　　　數量：2

鴨嘴夾
數量：1支

伍、剪髮工具

頭皮（未修剪過，頸背25公分以上）
數量：1頂

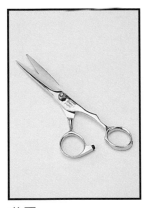

剪刀
數量：1把

剪髮梳
數量：1支

鴨嘴夾
數量：5支

吹風機
數量：1把

九排梳
數量：1枝

圓梳
數量：1支

共同工具
◇毛巾　　　數量：1
◇水槍　　　數量：1
◇白色圍巾　數量：1

美髮技能

燙髮試題

燙髮評分標準

項目	內容	評　分　內　容	編號 配分	得分
一、燙髮：（時間：分區五分鐘，捲髮三十分鐘）	（一）分區：標準式、扇型式　十區	1.前面對準中心，分區寬度和長度與去齒後的長度相同。	2	
		2.（1）標準式兩前側與臉部髮緣線略為平行，耳後側傾斜度配合一支捲子的直徑。 　（2）扇形式兩前側的弧度分配適當，耳後側傾斜度配合一支捲子的直徑。	3	
		3.各區銜接點及分線清晰，大小分配適當。	2	
		4.分區正確，整體美觀。	3	
		5.時間內未完成：1區扣1分，2區扣3分。 　未完成3區以上、假髮頭皮上做記號或成品不符合試題者，本項不計分。		
		小　　計	10	
	（二）捲髮	1.髮片底盤的厚度配合捲棒大小。 　持髮角度：A區120°，B區90°，C區60°。	4	
		2.髮片由髮根梳至髮尾，不集中、不歪斜、不受折。	3	
		3.捲髮張力及角度正確，表面光滑。	4	
		4.捲棒排列正確，並以三種顏色捲髮，左右對稱。	3	
		5.橡皮筋掛法A區：⊘，B區：⊖，C區：△。 　橡皮筋內鬆外緊不可壓到髮根。	3	
		6.依試題排列，整體美觀，捲數達60捲以上。	3	
		7.捲髮未完成以捲數計算：未完成1捲扣1分，未完成2捲扣2分。 　依此計算至未完成10捲以上不計分，或成品不符合試題者，本項不予計分。		
		小　　計	20	
		合　　計	30	

題　號	□（一）　□（二）	評審簽章：	

檢定日期：　年　月　日

燙髮技巧說明

壹、基本結構

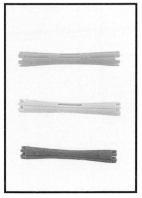

捲棒規格
藍6號、綠7號、紫8號

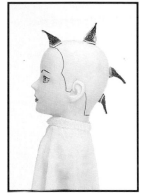

角度
$120°\sim45°$

貳、上捲法操作步驟

1.以尖尾分髮線挑髮片
2.厚度為捲棒之直徑

1.髮片由髮根向髮尾梳順
2.固定角度

1.冷燙紙以食指、中指夾住
2.捲棒置於髮片上面

1.髮尾需完全捲入，不可壓折，可利用尖尾梳勾入
2.需有力道，將髮尾緊緊包住

1.旋轉捲棒時，兩手重心一致，同時捲至髮根
2.注意張力，角度控制

1.左手拇指、中指按住捲棒，食指勾住橡皮筋，右手拉套 3：3

1.橡皮筋內鬆外緊　　　完成圖

美髮技能實作試題

試題名稱：燙髮（一）

標準式燙髮

檢定時間：分區5分鐘，捲髮30分鐘

說明：

一、分區：分10區，時間5分鐘。

1. 依圖分區，注意銜接點。
2. 前面對準中心，分區寬度與長度應各配合捲棒去齒後的長度（如分區操作圖）。
3. 耳上側面分線與臉部髮緣線略平行。
4. 耳後側傾斜度適當，宜以一個捲子直徑為準。
5. 時間到不得繼續操作，接受評分，未完成者依規定扣分（如分區完成圖）。

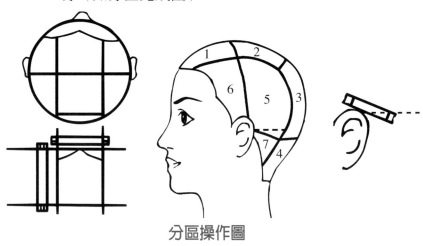

分區操作圖

分區完成圖

二、捲髮：捲棒60捲以上，時間30分鐘。

1.髮片底盤配合捲子長度、直徑。

2.髮片由髮根梳至髮尾，捲好表面光滑。

3.髮尾不可集中重疊、歪斜或受折。

4.捲髮張力及髮片兩端的鬆緊度應均勻。

5.橡皮筋掛時要與頭皮平行，靠頭皮處不要太緊。

6.依分布圖持髮、再捲髮，並在捲髮進行中A、B、C各區始終保持其角度（如捲髮角度分布圖）。

7.大小捲棒應配列適當，左右邊對稱，整體美觀。

8.使用三種顏色（大小不同）的捲棒，依序完成60捲以上（如捲髮完成圖）。

9.時間到，不得繼續操作，接受評分，未完成者依規定扣分。

三、成品不符合分區或捲髮試題者，各該項不予計分。

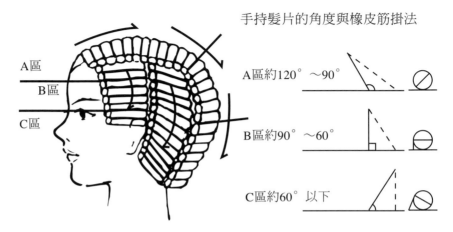

手持髮片的角度與橡皮筋掛法

A區約120° ～90°

B區約90° ～60°

C區約60° 以下

捲髮角度分布圖

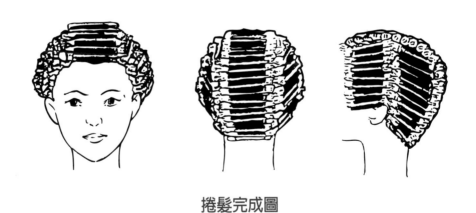

捲髮完成圖

標準式燙髮試題：分區

操作步驟

1. 第1區以約捲棒之寬度8分滿來做劃線的依據
2. 對準前額兩眉線的中間，向後梳順

1. 再取相同的寬度分厚度
2. 約呈四方型
3. 髮片梳順集中於中央，再以橡皮筋套緊，髮束需光潔

1. 第2區以第1區寬度平行梳下與第1區相同的厚度（約在黃金點下1.5公分）

1.第3區需漸漸縮小
2.約在後腦點下1.5公
　分

1.第4區依紫色捲棒寬
　度8分滿劃至頸背二
　側

1.側面第5區以第1區
　厚度為標準，自然
　梳下，向後成弧
　線，位於耳後約1公
　分位置

1.第6區從第3區的底
　線連接至耳後方成
　斜線，約為一個捲
　棒的斜度

1.第6區以下即第7區
2.第8、9、10區，與
　步驟6、7、8相同方
　式操作

37

完成圖（正面）

完成圖（背面）

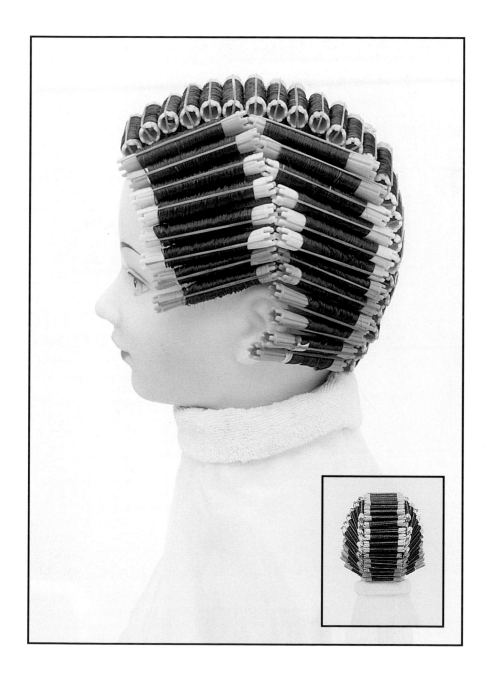

標準式燙髮試題：捲髮

操作步驟

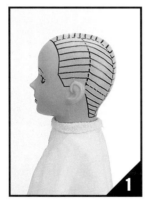

1.預定分髮線

1.A區中排藍色約14捲
2.角度120°～90°

1.B區中排綠色約4捲
2.角度90°～60°

1.C區中排紫色約6～7
　捲
2.角度60°～45°

1.A區耳後排藍色2
　捲，對中排13、14
　捲
2.分髮線以正斜分
　線，呈三角形
3.手指夾髮片與分髮
　線成平行

1.B區耳後排綠色4
　捲，需對齊中排綠
　色捲棒

1.C區耳後排紫色約6
　～7捲對齊中排捲棒

1.A區耳前排藍色2
　捲，對齊耳後捲棒

1.B區耳前排綠色4
　捲，對齊耳後捲棒

1.C區耳前排紫色2
捲,對齊耳後捲棒

完成圖(側面)

美髮技能實作試題

試題名稱：燙髮（二）

扇形式燙髮

檢定時間：分區5分鐘，捲髮30分鐘

說明：

一、分區：分10區，時間5分鐘。

1. 依圖分區，注意銜接點。
2. 前面對準中心，分區寬度配合捲子長度（如分區操作圖）。
3. 側面兩區域分線以扇型式分法。
4. 耳後側傾斜度適當，宜以一個捲子直徑為準。
5. 時間到不得繼續操作，接受評分，未完成者依規定扣分（如分區完成圖）。

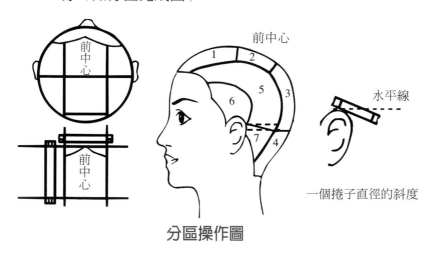

分區操作圖

分區完成圖

二、捲髮：捲棒60捲以上，時間30分鐘。

1.髮片底盤配合捲子長度、直徑。

2.髮片由髮根梳至髮尾，捲好表面光滑。

3.髮尾不可集中重疊、歪斜或受折。

4.捲髮張力及髮片兩端的鬆緊度應均勻。

5.橡皮筋掛時要與頭皮平行，靠頭皮處不要太緊。

6.依分布圖持髮再捲髮，並在捲髮進行集中A、B、C各區始終保持其角度（如捲髮角度分布圖）。

7.兩側應以扇形式排列，大小捲棒配列適當，左右邊對稱，整體美觀。

8.使用三種顏色（大小不同）的捲棒，依序完成60捲以上（如捲髮完成圖）

9.時間到，不得繼續操作，接受評分，未完成者依規定扣分。

（三）成品不符合分區或捲髮試題者，各該項不予計分。

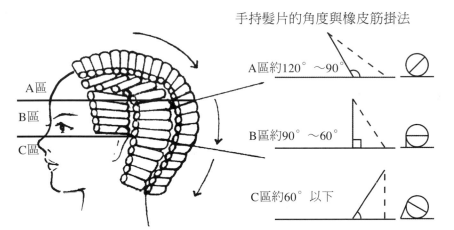

手持髮片的角度與橡皮筋掛法

A區約120°～90°

B區約90°～60°

C區約60°以下

捲髮角度分布圖

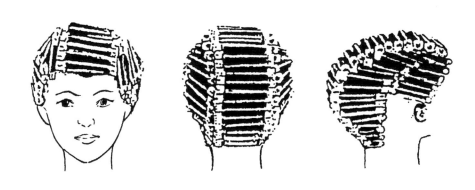

捲髮完成圖

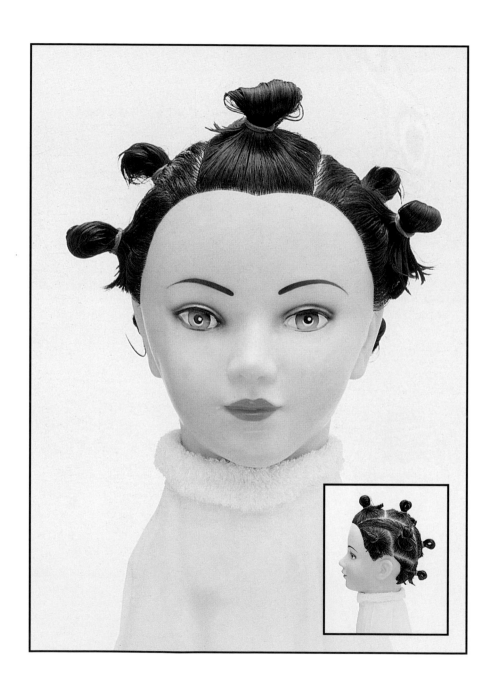

扇形式燙髮試題：分區

操作步驟

1.第1區以約捲棒之寬度8分滿來做劃線的依據。

2.對準前額兩眉線的中間，向後梳順

1.再取相同的寬度分厚度

2.約呈四方型

3.髮片梳順集中於中央，以橡皮筋套緊，髮束須光潔

1.第2區以第1區寬度平行梳下與第1區相同的厚度（約在黃金點下1.5公分）

1.第3區需漸漸縮小

2.約在後腦點下1.5公分

1.第4區依紫色捲棒寬度8分滿劃至頸背二側

1.第5區約為橢圓型劃線

2.前上方厚度約為一個捲棒的直徑

3.其他區與標準式相同

完成圖（側面）

完成圖（正面）

扇形式燙髮試題：捲髮

操作步驟

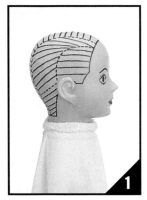

1.預定分髮線

1.A區中排藍色15捲
2.角度120°～90°

1.B區中排綠色5捲
2.角度90°～60°

1.C區中排紫色5捲
2.角度60°～45°

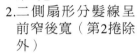

1.A區耳後排藍色6
捲，第1捲對齊中排
第6捲
2.二側扇形分髮線呈
前窄後寬（第2捲除
外）

1.B區耳後排綠色4捲

1.C區耳後排紫色5捲

1.A區耳前排藍色2捲

1.B區耳前排綠色3捲

完成圖（後面）　　　　　完成圖（側面）

美髮技能

整髮試題

整髮評分標準

項目	內容	評 分 內 容	配分	得分	編號
二、整髮（時間三十分鐘）	（一）髮筒或手捲	1.（1）所取髮量與髮筒直徑配合。 （2）持髮角度正確。	2		
		2.（1）分線正確。 （2）排列正確。	2		
		3.（1）髮根到髮尾順暢不受折。 （2）捲髮鬆緊適度。 （3）髮夾位置適當。 （4）捲髮表面光滑整齊美觀。	4		
		4.時間內未完成：未完成一捲扣2分，未完成二捲扣4分。 　未完成三捲以上或不符合試題者，本項不計分。			
		小　　計	8		
	（二）夾捲	1.（1）所取髮量均勻適當。 （2）髮圈重疊1／3。 （3）捲髮表面光滑。	4		
		2.（1）髮根至髮尾順暢不受折。 （2）髮尾通順捲入。	2		
		3.（1）髮夾不壓到髮根、不破壞髮圈。 （2）髮夾排列整齊美觀。	3		
		4.（1）排列正確。 （2）每排間隔適當。 （3）成品整齊美觀。	3		
		5.時間內未完成：未完成一排扣2分，未完成二排扣4分。 　未完成三排以上或成品不符合試題者，本項目不計分。			
		小　　計	12		
		合　　計	20		

題　號	□（一）□（二）□（三）	評審簽章：

檢定日期：　年　月　日

捲筒（青捲）技巧說明

壹、基本結構

捲筒規格
中捲筒（直徑2.5～3公分）

角度
120°～90°

貳、操作步驟

1.頭髮有濕度可幫助
　上捲

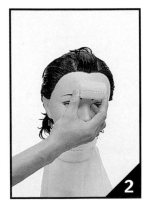

1.髮片寬度為捲筒的8分滿，
　厚度為捲筒之直徑寬度

1.梳子由髮根至髮尾
　梳順

1.髮片必須拉挺且固定角度
2.捲筒置於髮尾1/3處，確實
　捲入
3.髮尾不可折到，才能保持
　光滑至髮根

1.雙手保持平衡捲入

1.左手按住捲筒，利
　用左手食指撥開髮
　夾開口處

1.髮夾固定於捲筒正
　下方，需夾住髮根
　且露出1/5

夾捲技巧說明

壹、基本結構

1.底盤種類

斜長方形

三角形

弧形

正方形

2.方向

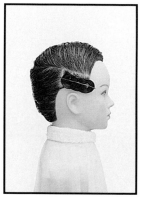
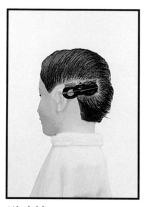

順時鐘
（髮片往右拉）

逆時鐘
（髮片往左拉）

貳、操作步驟

1.分出底部分線形狀
2.厚度2公分

1.髮片由髮根至髮尾完全
　梳順
2.抬高90°往右（左）拉

1.將髮片壓扁後，右
（左）手固定髮片，
髮尾往上（下）拉
即成圓環

1.放置髮圈時，不可
高過分線或低於分
線

1.以髮夾由髮根固定
2.髮夾需整齊美觀

順時鐘完成圖

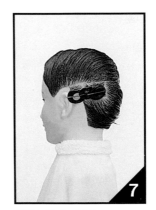

逆時鐘完成圖

59

手筒（空心捲）技巧說明

壹、基本結構

髮束
寬度5～6公分
厚度2.5～3公分

角度
120°～90°

貳、操作步驟

1.髮膠平均塗抹
2.髮膠需足夠,以免產生裂開現象

1.分出髮束後,梳好固定角度

1.左手挾髮片於食指與中指之間,約在髮片的中段

1.利用尖尾梳旋轉,使之進入左手的控制中

1.由於食指的大小不一,會產生左大右小的情形,可一邊旋轉時,右邊的髮片稍往上調整

1.旋轉至頭皮以髮夾固定,髮夾需一次夾好,約露出1 / 5

61

美髮技能實作試題

試題名稱：整髮（一）

側分線髮筒與夾捲

檢定時間：30分鐘

說明：

一、髮筒

　　1.依圖分線，上髮筒14個以上。

　　2.所取髮量與髮筒直徑宜配合，持髮角度正確。

　　3.髮根梳到髮尾不受折，捲髮鬆緊度及髮夾位置適當，
　　　表面光滑，整齊美觀。

二、夾捲（pin curl）

　　1.後下半部，夾捲（抬高捲）4排以上，一排順時鐘、
　　　一排逆時鐘。

　　2.所取髮量平均，髮尾通順捲入，髮圈重疊三分之一；
　　　髮夾使用位置適當，不壓到髮根，不破壞髮圈。

　　3.每排之間距離適當，夾捲排列整齊，捲髮表面光滑。

　　4.時間到，不得繼續操作，接受評分，未完成者依規定
　　　扣分。

三、成品不符合髮筒或夾捲試題者，各該項不予計分（如
　　整髮完成圖）。

側分線眉上1/2處

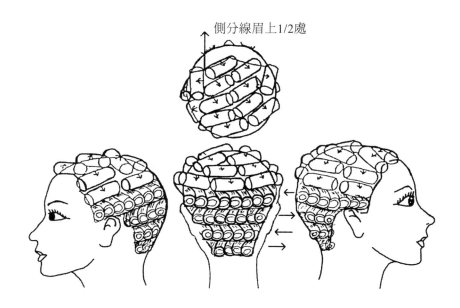

整髮完成圖

整髮試題（一）

操作步驟

1.分左側分線
2.深度約1個青捲長度

1.第1捲挑斜的分線

1.第2捲挑斜的在第1
捲中間

1.第3捲挑斜的分線

1.左側第4、5捲挑水
平留下一層夾捲用

1.右側面第6捲挑水平
2.形成』分線

1.第7捲挑水平
（約在側部點）
2.留下一層夾捲用

1.第8捲挑斜的與第4
捲對好

1.第9捲挑斜的在3、6
捲中間

1.第10捲挑水平和第8
捲對好

1.第11捲挑水平與右
方第6捲對好

1.第12、13、14捲挑
水平，平均分配與
二邊捲筒對好

1.為達到準確與節省
時間，先將欲操作
之夾捲部分分區分
好

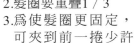

1.第1排順時鐘方向
2.髮圈要重疊1／3
3.為使髮圈更固定，
可夾到前一捲少許
的髮量

1.第2排逆時鐘方向

1.第3排順時鐘方向

1.第4排逆時鐘方向

完成圖（後面）

完成圖（側面）

完成圖（正面）

美髮技能實作試題

試題名稱：整髮（二）

不分線髮筒與夾捲

檢定時間：30分鐘

說明：

一、髮筒

1. 依圖不分線，上髮筒16個以上。
2. 所取髮量與髮筒直徑宜配合，持髮角度正確。
3. 髮根梳到髮尾不受折，捲髮鬆緊度及髮夾位置適當，表面光滑，整齊美觀。

二、夾捲（pin curl）

1. 後下半部，夾捲（抬高捲）4排以上，第一排順時鐘，第二排以下左方順時鐘、右方逆時鐘，呈弓字形。
2. 所取髮量平均，髮尾通順捲入，髮圈重疊三分之一；髮夾使用位置適當，不壓到髮根，不破壞髮圈。
3. 每排之間距離適當，夾捲排列整齊，捲髮表面光滑。
4. 時間到，不得繼續操作，接受評分，未完成者依規定扣分。

三、成品不符合髮筒或夾捲試題者，各該項不予計分（如
　　整髮完成圖）。

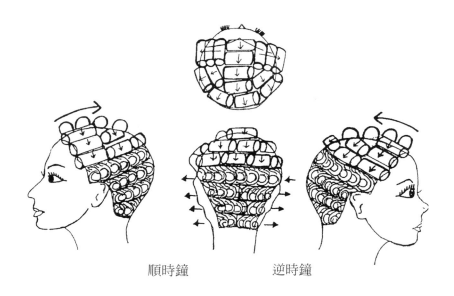

順時鐘　　　　　逆時鐘

整髮完成圖

整髮試題（二）

操作步驟

1.分出捲筒的寬度

1.第1、2、3、4捲挑
　水平

1.側面第5、6、7捲挑
　水平
2.第7捲約在側部點
3.留下一層夾捲用

1.第8、9、10捲相同
　方式

1.第11捲與第9、4捲
　對好

1.第12捲與第6、4捲
　對好

1.第13、14、15、16
　捲挑水平平均分配
　與第7、10捲對好

1.先將夾捲分區分好

1.第1排順時鐘方向
2.髮圈要重疊1/3

1.第2排以正中線為分
　界，右邊為逆時鐘
　方向

1.左邊為順時鐘方向
2.髮圈重疊，髮夾交
　叉

1.第3排由正中線往右
　移2公分（約一個夾
　捲）
2.操作方式與第2排相
　同

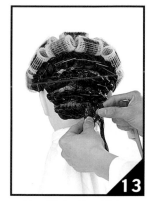

1.第4排與第2排相同
操作方式

完成圖（後面）
第2、3、4排分界不同
而構成弓字型

完成圖（側面）

完成圖（正面）

美髮技能實作試題

試題名稱：整髮（三）

不分線手捲與夾捲

檢定時間：30分鐘

說明：

一、手捲

1. 依圖不分線，手捲18捲以上。
2. 取髮厚度適當，每捲直徑約2.5～3公分，持髮角度正確。
3. 髮根到髮尾不受折，捲髮鬆緊度及髮夾位置適當，表面光滑，整齊美觀。

二、夾捲（pin curl）

1. 後下半部，夾捲（抬高捲）4排以上，一排順時鐘、一排逆時鐘。
2. 所取髮量平均，髮尾通順捲入，髮圈重疊三分之一；髮夾使用位置適當，不壓到髮根，不破壞髮圈。
3. 每排之間距離適當，夾捲排列整齊，捲髮表面光滑。
4. 時間到，不得繼續操作，接受評分，未完成者依規定扣分。

三、成品不符合手捲或夾捲試題者，各該項不予計分（如整髮完成圖）。

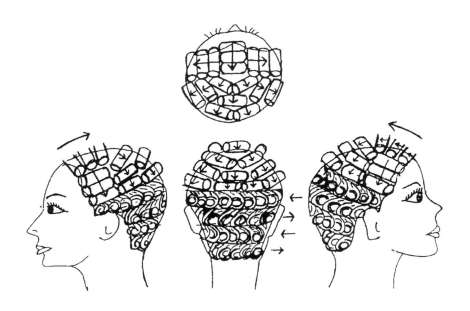

整髮完成圖

整髮試題（三）

操作步驟

1.平均分好寬度與厚度

1.第1、2、3捲挑水平

1.第4、5、6捲挑水平
2.寬度約爲2個半的手筒
3.留下一層夾捲用

1.第7、8、9捲相同操作方式

1.第10捲對第7捲挑水平捲成V字形

1.第11捲與第10捲相同操作方式

1.第12、13、14捲挑
水平，平均分配與
二邊的手筒對好

1.第15、16、17、18
捲挑水平，平均分
配與二邊的手筒對
好

1.下半部夾捲與試題
（一）的操作方式相
同

完成圖（後面）

完成圖（側面）

美髮技能

染髮試題

染髮評分標準

項目 / 內容		評 分 內 容	配分	得分 / 編號
三、染髮（時間：二十五分鐘）	（一）操作前	1.帶手套，穿深色工作服，假人頭頸部圍深色圍巾。 2.頭髮梳順，不可事先分區、噴濕。	1	
	（二）白髮染黑、漂或染髮	1.分區正確，髮片厚度約1公分。	2	
		2.右區操作順序及方法正確。	2	
		3.左區操作順序及方法正確。	2	
		4.髮片光潔整齊（染黑），或髮片挑鬆（漂染）。	1	
		5.染劑不可沾染臉部、頭皮，或掉落桌上及地上。	2	
		6.在時間內未完成者扣5分。 　成品不符合試題者，本項不予計分。		
合　　　計			10	
題　號	□（一）□（二）	評審簽章		

檢定日期：　年　月　日

美髮技能實作試題

試題名稱：染髮（一）

白髮染黑（全染及補染）

檢定時間：25分鐘

說明：

一、操作前

  1.帶手套，穿深色工作服，假人頭頸部圍深色圍巾。
  2.頭髮梳順，不可事先分區、噴濕。

二、染髮

  1.分區：依圖分區，右1、2、3，左1、2、3。
  2.染髮操作：

  （1）右區全染，1→2→3，從髮根到髮尾。
  （2）左區補染，1→2→3，只染髮根3公分。
  （3）每區染髮的操作順序由上往下。
  （4）每束髮片挑起厚度1公分內，染髮方向由髮根往
     髮尾。
  （5）染劑力求均勻，髮束光潔整齊，染劑不可沾染臉
     部、頭皮，或掉落桌上及地上。
  （6）時間到，不得繼續操作，接受評分，未完成者依
     規定扣分。

三、成品不符合試題者不予計分。

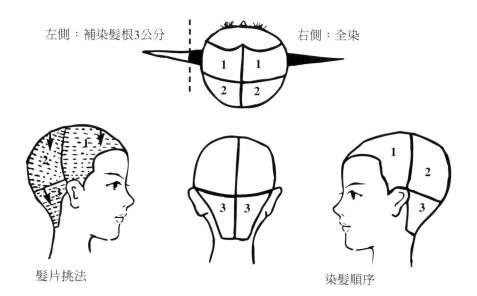

左側：補染髮根3公分　　　　　　　　右側：全染

髮片挑法　　　　　　　　　　　　染髮順序

染髮試題：白髮染黑

壹、基本結構

分區
正中線、側中線、水平線

順序
由上而下

貳、操作步驟

1.為避免污染由左側
　開始染
2.髮片厚度1公分
3.由上而下染

1.由上部第一區先染
2.補染髮根3公分
3.不可染到頭皮

1.染後以尖尾梳將髮
　片挑鬆

1.左側完成圖

1.右側為全染
2.髮片厚度1公分
3.由上而下染

1.第一區先染
2.染料由髮根往髮尾
　染
3.不可染到頭皮
4.染料要均勻，髮束
　光潔整齊

1.染後以尖尾梳將髮　　　完成圖（正面）　　　完成圖（側面）
　片挑鬆

美髮技能實作試題

試題名稱：染髮（二）

漂或染髮

檢定時間：25分鐘

說明：

一、操作前

    1.帶手套，穿深色工作服，假人頭頸部圍深色圍巾。

    2.頭髮梳順，不可事先分區、噴濕。

二、漂髮或染髮

    1.分區：依圖分區，右1、2、3，左4、5、6。

    2.漂或染操作：

    （1）右區操作順序1→2→3，髮根2公分不染，其餘全染。

    （2）左區操作順序4→5→6，只染髮根2公分。

    （3）每區漂或染的操作順序由下往上。

    （4）每束髮片挑起厚度1公分內。

    （5）染劑力求均勻，髮束挑鬆，染劑不可沾染臉部、頭皮，或掉落桌上及地上。

    （6）時間到，不得繼續操作，接受評分，未完成者依規定扣分。

三、成品不符合試題者不予計分。

左側：只染髮根2公分

右側：髮根2公分不
染，其餘全染

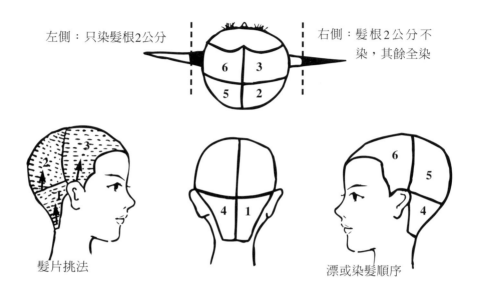

髮片挑法

漂或染髮順序

染髮試題：漂染

壹、基本結構

分區　　　　　　　　　**順序**
正中線、側中線、水平線　由下而上

貳、操作步驟

1.先從右側開始染
  （順序不可錯誤）
2.由下而上染
3.髮片厚度1公分

1.由底部第一區先染
2.未染之髮片以鴨嘴
  夾固定
3.髮根2公分不染，其
  餘全染

1.染料均勻塗抹

1.染後以尖尾梳將髮
  片挑鬆

1.右側（完成圖）

1.左側由第四區先染
2.只染髮根2公分（右
  側髮根之長度）

1.染料均勻塗抹

1.染後以尖尾梳將髮
　片挑鬆

完成圖（左側）

完成圖（正面）

完成圖（後面）

美髮技能

剪髮試題

剪吹髮評分標準

項目／內容		評　分　內　容	配分	得分	編號
四、剪吹髮（時間：剪髮三十分鐘，吹髮十分鐘）	（一）剪髮	1.剪髮長度正確。	5		
		2.剪髮線整齊、順暢。	5		
		3.外型輪廓正確（包括瀏海）。	5		
		4.左右兩側頭髮齊長。	5		
		5.側部耳下無缺角。	3		
		6.剪髮技能熟練。	3		
		7.未在時間內完成者扣5分。 在假髮頭皮上作記號、事先修剪或剪髮成品不符合試題者，本項不予計分。			
		小　　計	26		
	（二）吹風	1.梳子與吹風機運用順暢。	2		
		2.髮根（髮流）方向正確。	3		
		3.髮片梳順，由髮根吹到髮尾。	3		
		4.成品效果正確。	3		
		5.髮型具有膨度、彈性、光澤度。	3		
		6.未在時間內完成者扣5分。 吹風成品不符合試題者，本項不予計分。			
		小　　計	14		
合　　計			40		

題　號	□（一）　□（二）　□（三）	評審簽章	

檢定日期：　年　月　日

美髮技能實作試題

試題名稱：剪吹髮（一）

水平剪法

檢定時間：剪髮30分鐘，吹髮10分鐘。

說明：

一、剪髮：時間30分鐘

  1.剪髮各部長度如剪髮展開圖（若8±1公分，則完成長度應為7～9公分）。

  2.剪髮線整齊、順暢，左右兩側頭髮齊長，側部耳下無缺角。

  3.外型輪廓正確。

  4.時間到，不得繼續操作，接受評分，未完成者依規定扣分。

二、吹髮：時間10分鐘

  1.吹頭髮的右半部或左半部，及瀏海。

  2.瀏海要全吹，如剪、吹完成圖。

  3.時間到，不得繼續操作，接受評分，未完成者依規定扣分。

三、成品不符合剪髮或吹髮試題者，各該項不予計分（如剪、吹完成圖）。

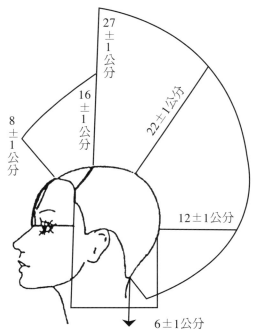

剪髮展開圖

剪、吹完成圖

剪髮試題：水平剪法

壹、基本結構

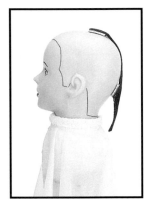

分區
正中線
頭前三角區

分髮線
水平分線

角度
0°

貳、操作步驟

1.三角區的髮片先夾好
2.隨髮際線分出一層約1公分的髮片

1.定出頸背點的長度5～7公分

1.裁剪水平外型
2.不可拉緊，以免張力回縮

1.基準線裁剪完成

1.分水平分線依基準線裁剪
2.每層厚度約1.5公分
3.角度0°

1.外型裁剪完成
2.長度於下巴下3公分

1.瀏海分出一層髮片
2.定中心點7〜9公分

1.裁剪水平外型
2.角度0°
3.拉立不可太大

1.裁剪完成為水平外
  型

1.定頭頂點15〜17公
  分

1.分垂直分線由中心
  點與頭頂點連接

1.分放射分線
2.角度不可偏移

1.完成後,將頭髮梳
　整齊,呈內彎效果

1.完成圖
　‧長度下巴下3公分
　‧水平瀏海

美髮技能實作試題

試題名稱：剪吹髮（二）

逆斜線剪法

檢定時間：剪髮30分鐘，吹髮10分鐘。

說明：

一、剪髮：時間30分鐘

1. 剪髮各部長度如剪髮展開圖（若8±1公分，則完成長度應為7～9公分）。
2. 剪髮應傾斜30°，整齊順暢，側部耳下無缺角。
3. 外型輪廓正確。
4. 時間到不得繼續操作，接受評分，未完成者依規定扣分。

二、吹髮：時間10分鐘

1. 吹頭髮的右半部或左半部，及瀏海。
2. 瀏海要全吹，如剪、吹完成圖。
3. 時間到，不得繼續操作，接受評分，未完成者依規定扣分。

三、成品不符合剪髮或吹髮試題者，各該項不予計分（如
　　剪吹完成圖）。

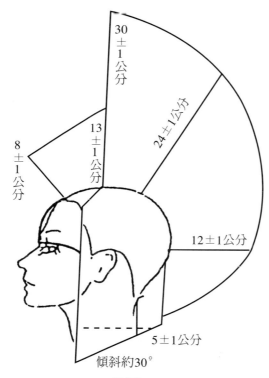

30
±
1
公分

13
±
1
公分

24±1公分

8
±
1
公分

12±1公分

5±1公分

傾斜約30°

剪髮展開圖

剪、吹完成圖

剪髮試題：逆斜線剪法

壹、基本結構

分區
正中線
頭前三角區

分髮線
逆斜分線

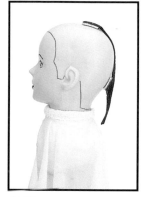

角度
0°

貳、操作步驟

1.三角區的髮片先夾好
2.隨髮際線分出一層約1公分的髮片

1.定出頸背線的長度4～6公分

1.裁剪逆斜外型傾斜30°
2.手指需放斜，力道不可太大，以免回縮

1.基準線剪裁完成

1.分逆斜分線，依基準線裁剪
2.每層厚度約1.5公分
3.角度0°

1.外型裁剪完成

1.瀏海分出一層髮片
2.定出中心點7～9公
　分

1.將髮片集中於中心
　點裁剪

1.裁剪完成爲橢圓外
　型

1.定頭頂點12～14公
　分

1.分垂直分線，由中
　心點與頭頂點連接

1.分放射分線
2.依基準線將全部髮
　片往中間拉剪

完成後，將頭髮梳整
齊，呈內彎效果

完成圖
・前長後短、傾斜30°
・橢圓瀏海

美髮技能實作試題

試題名稱：剪吹髮（三）

正斜線剪法

檢定時間：剪髮30分鐘，吹髮10分鐘。

說明：

一、剪髮：時間30分鐘

1.剪髮各部長度如剪髮展開圖（若8±1公分，則完成長度應為7～9公分）。

2.剪髮線整齊、順暢，左右兩側頭髮齊長，側部耳下無缺角。

3.外型輪廓正確。

4.時間到，不得繼續操作，接受評分，未完成者依規定扣分。

二、吹髮：時間10分鐘

1.吹頭髮的右半部或左半部，及瀏海。

2.瀏海要全吹，如剪、吹完成圖。

3.時間到，不得繼續操作，接受評分，未完成者依規定扣分。

三、成品不符合剪髮或吹髮試題者，各該項不予計分（如剪、吹完成圖）。

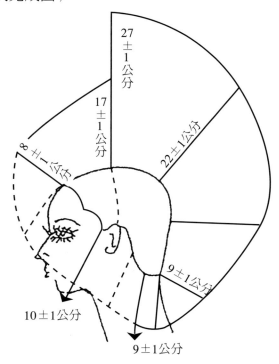

剪髮展開圖

剪、吹完成圖

剪髮試題：正斜線剪法

壹、基本結構

分區
正中線
頭前三角區

分髮線
正斜分線

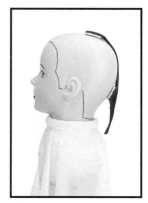

角度
0°

貳、操作步驟

1.三角區的髮片先夾好
2.隨髮際線分出一層約1公分的髮片

1.定出頸背線的長度8～10公分，頸側點8～10公分，側角點9～11公分

1.做二點連接（橢圓形）
2.不可產生缺角

1.基準線剪裁完成

1.分正斜分線，依基準線裁剪，角度0°
2.每層厚度約1.5公分

1.外型剪裁完成

1.瀏海分出一層髮片
2.定中心點7～9公分

1.將髮片集中於中心
　點裁剪

1.完成為橢圓外型

1.定頭頂點16～18公
　分

1.分垂直線，由中心
　點與頭頂點連接

1.分放射分線
2.依基準線將全部髮
　片往中間拉剪

1.臉際線分出一層髮片
2.由瀏海至側角點做斜向
　連接
3.不可剪到側角點長度，
　以免產生缺角

1.每層依基準線裁剪，
　直到剪不到

1.完成後，將頭髮梳
　整齊呈內彎效果

完成圖
　‧前短後長、有小層次
　‧橢圓瀏海

吹風說明

壹、注意事項

    1.剪髮評分後，等待口令再吹風

    2.只吹左（右）側一半，瀏海全吹

    3.時間10分鐘

貳、操作步驟

1.將不吹部分夾好 2.平均分為五區 3.瀏海一區	1.第一區0度～30度以下 2.髮片拉緊，髮尾加強風力	1.第二區30度以下

1.側面第三區為避免產
生缺角約30°以下

1.第四區45度以上

1.第五區45度以上

1.瀏海之髮流較挺
時,第一層不可提
升角度
2.髮尾稍內彎

完成圖

衛生技能實作試題

衛生技能實作試題

本實作試題共有三項，應檢人員應做完各項，包括：

一、化妝品安全衛生辨識（30％），測驗時間：4分鐘應檢
　　人員自行抽出一種化妝品外包裝代號籤（題卡編號），
　　再以現場抽中的該題卡書面作答。作答完畢後，交由
　　監評人員評定。

二、消毒液和消毒方法之辨識與操作（60％），測驗時間：
　　10分鐘。
　　試場備有各種不同的美髮用器材及消毒設備，由應檢人
　　員當場抽出一種器材並進行下列程序：

　　1.選擇一種符合該器材消毒之消毒液稀釋調配（35％）
　　2.進行該項化學消毒操作（10％）。
　　3.若有適用物理消毒法則選擇一種適合該器材之物理消
　　　毒法進行消毒操作（若無適用方法則答無）（15％）。

三、洗手與手部消毒操作（10％），測驗時間：4分鐘

　　1.由應檢人員寫出在營業場所何時要洗手，並由應檢人
　　　員以自己的雙手作實際洗手之操作。
　　2.由應檢人員寫出在營業場所為何要進行消毒，並由應
　　　檢人員選擇消毒試劑以自己雙手作實際消毒之操作。
　　註：未能正確寫出洗手與手部消毒原因以及選擇適用消
　　　　毒液者，第三項以零分計算（即扣10分）。

衛生技能

化妝品安全衛生

辨識

注意事項

一、應檢人必須依檢定場所抽出的化妝品外包裝代號籤
（題卡編號）作為檢定的試題。

二、當檢定試題內容公佈後，應檢人即開始以書面作答。

三、取得書面試卷時必須先將個人姓名、檢定編號及組別
填妥。

四、作答時以打勾方式填寫。

五、試題分為兩大題，但第一大題又細分為七小題，所以
必須每題都填寫。

六、填寫完畢立刻交予監評人員。

化妝品安全衛生之辨識測驗用卷

化妝品安全衛生之辨識測驗用卷（30％）　　　（發給應檢人）

題 卡 編 號		檢 定 編 號	

說明：應檢人員自行抽出一種化妝品外包裝代號籤，再根據抽中之化妝品外包裝
　　　填答下列內容。應答完畢後，再由監評人員評定。

測驗時間：四分鐘

一、本化妝品標示內容：

　　（一）1.中文品名：（4％）
　　　　　□有標示　　　　　　　　　□未標示

　　（二）1.□國產品：（4％）
　　　　　　製造廠商名稱：□有標示　　□未標示
　　　　　　地　　　　址：□有標示　　□未標示

　　　　　2.□輸入品：
　　　　　　輸入廠商名廠：□有標示　　□未標示
　　　　　　地　　　　址：□有標示　　□未標示

　　（三）出廠日期或批號：（4％）
　　　　　□有標示　　　　　　　　　□未標示

　　（四）保存期限：（4％）
　　　　　□有標示　　　　　　　　　□未標示
　　　　　□已過期　　　　　　　　　□未過期

　　（五）用途：（4％）
　　　　　□有標示　　　　　　　　　□未標示

二、本化妝品之標示是否合格（依上述五項判定）：（10％）
　　　　□合格　　　　　　　　　　　□不合格

監評人員簽章：	得分：

承辦單位計分員簽章：

範例（一）

真 愛 冷 燙 液

含豐富角蛋白質能確實燙出頭髮密實而有彈性的捲度卻不會傷害髮質，低鹼含氨水配方使燙後捲度持久有光澤並且絕不會殘留不宜的氣味。

■主成份：

第一劑 Thioglycolic Acid 6.5%　　容量：第一劑　110ml

第二劑 Sodium Bromate 7.5%　　　　　　第二劑　110ml

■用途：燙髮

■用法：

1. 將頭髮洗淨擦乾。

2. 選適當之髮捲，上捲。

3. 將第一劑均勻塗佈於每一捲，停留時間約10～15分後沖水。

4. 將第二劑塗佈於每一捲，停留約 12分後折捲，以洗髮精洗淨後用柔酸護理素修護。

■注意事項：1. 燙髮前先做試驗，如有頭皮過敏異樣或抓傷請勿使用。

　　　　　　2. 燙髮時倘若弄溼圍巾，請即時更換。

　　　　　　3. 若不慎濺及眼睛請直接以大量清水沖洗後送醫處理。

　　　　　　4. 限用於頭髮，不得作其他用途。

　　　　　　5. 使用過程中若有過敏刺激等異常現象，請即停止使用。

　　　　　　6. 頭髮、臉部、頰部等地方有腫痛、傷口或皮膚病時請勿使用。

　　　　　　7. 本品限外用應置於孩童伸手不及處。

　　　　　　8. 請勿使用金屬類燙髮器。

■許可證字號：衛署妝製第002094號　　　　　■保存期限：二年。

■保存方法：避免日光直射，置於陰涼處。

■總代理：華田股份有限公司。　　　　■製造日期、批號：標示於盒底。

■地址：台中市大進街61號。

題卡編號	5	姓名	林柏均	檢定編號	25			
				組　別	□A	☑B	□C	□D

一、化妝品安全衛生之辨識測驗用卷（30％）（發給應檢人）

　　說明：應檢人自行抽出一種化妝品外包裝代號籤（題卡編號）再根據應檢人抽中
　　　　　之化妝品題卡填答下列內容，作答完畢後，交由監評人員評定。

　　測驗時間：4分鐘

一、本化妝品標示內容：

　（一）中文品名：（3％）

　　☑有標示　　　　　□未標示

　（二）1.☑國產品：（3％）

　　　製造廠商名稱☑有標示　　　□未標示

　　　地　　　　址☑有標示　　　□未標示

　　　2.□輸入品：

　　　製造廠商名稱□有標示　　　□未標示

　　　地　　　　址□有標示　　　□未標示

　（三）出廠日期或批號：（3％）

　　☑有標示　　　　　□未標示

　（四）保存期限：（3％）

　　☑有標示　　　　　□未標示

　　□已過期　　　　　□未過期

　（五）用途：（3％）

　　☑有標示　　　　　□未標示

　（六）許可字號（或備查字號）：（3％）

　　☑有標示　　　　　□未標示

　（七）重量或容量：（3％）

　　☑有標示　　　　　□未標示

二、本化妝品之標示是否合格（依上述七項判定）：（9％）

☑合　格　　　　　□不合格

監評人員簽章：	得分：

承辦單位電腦計分員簽章：

範例（二）

水 脂 膜 修 護 霜

■產品特性：快速改善乾燥、受損缺乏彈性的頭髮，修補水脂膜。不黏膩，易沖淨。

■使用方法：

　1. 取適量於手心搓揉，均勻抹於受損髮絲或全髮（瞬間護髮，不需沖水）。

　2. 吹風造型前、後均適用。

■製造日期、批號：見瓶底。

■保存期限：三年。

■主要成份：水解矽聚合物，抗紫外線因子。

■進口商：開宇股份有限公司。

題卡編號	10	姓名	林柏均	檢定編號	25
				組　別	□A ☑B □C □D

一、化妝品安全衛生之辨識測驗用卷（30％）（發給應檢人）

　　說明：應檢人自行抽出一種化妝品外包裝代號籤（題卡編號）再根據應檢人抽中

　　　　　之化妝品題卡填答下列內容，作答完畢後，交由監評人員評定。

　　測驗時間：4分鐘

一、本化妝品標示內容：

　（一）中文品名：（3％）

　　　☑有標示　　　　　□未標示

　（二）1.□國產品：（3％）

　　　　製造廠商名稱☑有標示　　　□未標示

　　　　地　　　　址□有標示　　　☑未標示

　　　2.□輸入品：

　　　　製造廠商名稱☑有標示　　　□未標示

　　　　地　　　址□有標示　　　☑未標示

　（三）出廠日期或批號：（3％）

　　　☑有標示　　　　　□未標示

　（四）保存期限：（3％）

　　　☑有標示　　　　　□未標示

　　　□己過期　　　　　□未過期

　（五）用途：（3％）

　　　☑有標示　　　　　□未標示

　（六）許可字號（或備查字號）：（3％）

　　　□有標示　　　　　☑未標示

　（七）重量或容量：（3％）

　　　□有標示　　　　　☑未標示

二、本化妝品之標示是否合格（依上述七項判定）：（9％）

□合　格　　　　☑不合格

監評人員簽章：　　　　　得分：

承辦單位電腦計分員簽章：

衛生技能

消毒液和消毒方法
之辨識與操作

注意事項

一、此項測驗包含化學及物理消毒，應檢人員除了先作書面作答外，同時也需實際進行消毒液稀釋調配及器材消毒之操作。

二、在書面上寫出所有可適用之化學消毒方法有哪些？係指必須將所有適用該器材之化學消毒方法全部填寫，若有一項可適用的化學消毒方法未填寫，則該項不予計分。

三、在書面上寫出所有可適用之物理消毒方法有哪些？係指必須將所有適用該器材之物理消毒方法全部填寫，若有一項可適用的物理消毒方法未填寫，則該項不予計分。

四、當應檢人員抽出的器材並無適用的物理消毒方法，則直接在試卷上勾選「無」即可。

消毒液和消毒方法之辨識與操作方法

壹、化學消毒液之稀釋比例表

化學消毒劑之種類	原液及蒸餾水	稀 釋 後 之 消 毒 液 量	
		100 cc	200 cc
0.5%陽性肥皂 （一）苯基氯卡銨溶液 稀釋法	（1）10％苯基氯卡銨 溶液稀釋法	5 cc	10 cc
	（2）蒸餾水	95 cc	190 cc
（二）6%煤餾油酚肥皂 液稀釋法	（1）25％甲苯酚原液	12 cc	24 cc
	（2）蒸餾水	88 cc	176 cc
（三）75%酒精稀釋法	（1）95％酒精	79 cc	158 cc
	（2）蒸餾水	21 cc	42 cc
（四）200ppm氯液	（1）10％漂白水	500cc	1000cc
		1cc	2cc
	（2）蒸餾水	499cc	998cc

貳、 計算方法

公式

使用消毒液種類÷原液濃度×所需總量＝原液量

所需總量－原液量＝蒸餾水量

範例

範例一：0.5％陽性肥皂苯基氯卡銨溶液需要總量200c.c.

　　　　0.5÷10×200＝10c.c.（原液）

　　　　200－10＝190c.c.（蒸餾水）

範例二：6％煤餾油酚肥皂液需要總量100c.c.

　　　　3÷25×100＝12c.c.（原液）

　　　　100－12＝88c.c.（蒸餾水）

範例三：75％酒精需要總量200c.c.

　　　　75÷95×200＝158c.c.（原液）

　　　　200－158＝42c.c.（蒸餾水）

範例四：200ppm氯液需要總量500c.c.

　　　　0.0002÷0.1×500＝1c.c.（原液）

　　　　500－1＝499c.c.（蒸餾水）

註：1PPM＝1/1,000,000

　　200PPM＝200/1,000,000＝0.0002PPM

消毒液稀釋調配操作評分表

消毒液稀釋調配操作評分表（1）（15％）（發給監評人員）

檢定項目	檢定單位		編號								
			姓名								
	評分內容		配分								
化學消毒液之稀釋	操作：										
	（1）選擇正確試劑		2								
	（2）打開瓶蓋後瓶蓋口朝上		1								
	（3）量取時量筒之選用適當		2								
	（4）倒藥時標籤朝上		1								
	（5）量取時或量取後檢視體積，視線與刻度平行		3								
	（6）多取藥劑不倒回藥瓶，每樣藥劑取完立刻加蓋		1								
	（7）所量取之原液及蒸餾水之個別體積正確		4								
	（8）最後以玻璃棒攪拌混合		1								
	合　　計		15								
	備　　註										

監評人員簽章：　　　　　　　　　　　　　　　年　　月　　日

承辦單位電腦計分員簽章：

化學消毒方法操作評分表

化學消毒方法操作評分表（2）（6％）（發給監評人員）

檢定項目	評分內容					配分	編號 姓名					
	消毒法 ＼ 器材	化學消毒法										
		氯液消毒法	陽性肥皂液	酒精消毒法	煤餾油酚肥皂液							
化學消毒法	器材與合適消毒法 — 金屬類 剃刀			○	○	3						
	剪刀			○	○							
	剪髮機			○	○							
	梳子			○	○							
	髮夾			○	○							
	塑膠類 髮捲	○	○	○	○							
	梳子	○	○	○	○							
	玻璃杯	○										
化學消毒液之稀釋	長毛刷子											
	乾毛巾		○									
	濕毛巾											
	前處理	清洗乾淨	清洗乾淨	清潔	清潔	1						
	操作要領	完全浸泡	完全浸泡	金屬類用擦拭（或完全浸泡）塑膠及其它用完全浸泡	完全浸泡	2						
	消毒條件	餘氯量200ppm 2分鐘以上	含0.5%陽性肥皂液20分鐘以上	75%酒精擦拭數次10分鐘以上	含6%煤餾油酚肥皂液10分鐘以上	3						
	後處理	1.用水清洗 2.瀝乾或烘乾 3.置乾淨櫥櫃	1.用水清洗 2.瀝乾或烘乾 3.置乾淨櫥櫃	1.用水清洗（塑膠類）2.瀝乾或烘乾 3.置乾淨櫥櫃	1.用水清洗 2.瀝乾或烘乾 3.置乾淨櫥櫃	1						
	合計					10						
	備註											

監評人員簽章：　　　　　　　　　　　　　　　　年　　月　　日

承辦單位電腦計分員簽章：

物理消毒方法操作評分表

物理消毒方法操作評分表（3）（6%）（發給監評人員）

檢定項目	評 分 內 容				編號 姓名 配分						
	消毒法 器材	物 理 消 毒 法									
		煮沸消毒法	蒸氣消毒法	紫外線消毒法							
消毒方法之辨識與操作	器材與合適消毒法 / 金屬類 / 剃　刀	○		○	2						
	剪　刀	○		○							
	剪髮機	○		○							
	梳　子	○		○							
	髮　夾	○		○							
	塑膠類 / 梳　子										
	髮　捲										
	玻璃杯	○									
	長毛刷子			○							
	乾毛巾	○									
	濕毛巾		○								
	前處理	清洗乾淨	清洗乾淨	清潔	0.5						
	操作要領	1.完全浸泡 2.水量一次加足	1.摺成弓字型直立置入 2.切勿擁擠	1.器材不可重疊 2.刀剪類打開折開	1						
	消毒條件	1.水溫100℃以上 2.5分鐘以上	1.蒸氣箱中心溫度達80℃以上 2.10分鐘以上	1.光度強度85微瓦特／平方公分以上 2.20分鐘以上	2						
	後處理	1.瀝乾或烘乾 2.置乾淨櫥櫃	暫存蒸氣消毒箱	暫存紫外線消毒箱	0.5						
	合計				6						
	備註										

監評人員簽章：　　　　　　　　　　　　　　　　　年　　月　　日

承辦單位電腦計分員簽章：

衛生技能實作評分表

衛生技能實作評分表

器材抽選		姓名		檢定編號	
（二）消毒液和消毒方法之辨識與操作測驗用卷（發給應檢人）（60%） 　　說明：試場備有各種不同的美髮器材及消毒設備，由應檢人當場抽出 　　　　　一種器材並進行下列程序（若無適用之化學或物理消毒法，則 　　　　　不需進行該項之實際操作）： 　　測驗時間：12分鐘					
（一）化學消毒：（50%） 　　1.寫出所有適用化學消毒方法有哪些？ 　　□無　　　　　　　　（50%） 　　□有　　答：＿＿＿＿＿＿＿＿＿＿＿＿＿＿（10%） 　　2.選擇一種符合該器材消毒之消毒液稀釋調配 　　（1）消毒液名稱：＿＿＿＿＿＿＿＿＿＿＿（5%） 　　　稀釋量：＿＿＿＿＿＿＿＿C.C.（應檢人根據抽籤結果填寫） 　　（2）稀釋消毒液濃度：＿＿＿＿＿＿＿（5%） 　　　原液量：＿＿＿C.C.（3%）　蒸餾水量：＿＿＿C.C.（2%） 　　3.消毒液稀釋調配操作（由監評人員評分，配合評分表一）（15%） 　　　進行該項化學消毒操作（由監評人員評分，配合評分表二）（10%） （二）物理消毒：（10%） 　　1.寫出所有適用之物理消毒方法 　　□無　　　　　　　　（10%） 　　□有　　答：＿＿＿＿＿＿＿＿＿＿＿＿＿＿（4%） 　　2.選擇一種適合該器材之消毒方法進行消毒操作（由監評人員評分，配 　　　合評分表三）（6%）					
監評人員簽章：			得分：		

承辦單位計分員簽章：＿＿＿＿＿＿＿＿

範例

器材抽選	金屬（剪刀）	姓名	林柏均	檢定編號	25	

（二）消毒液和消毒方法之辨識與操作測驗用卷（發給應檢人）（60％）

　　說明：試場備有各種不同的美髮器材及消毒設備，由應檢人當場抽出一種器材

　　　　　並進行下列程序（若無適用之化學或物理消毒法，則不需進行該項之實

　　　　　際操作）：

　　測驗時間：12分鐘

（一）化學消毒：（50％）

　　1.寫出所有適用化學消毒方法有哪些？

　　　□無　　　　　　　　　　（50％）

　　　☑有　　答：酒精消毒法、煤酚油酚消毒法（10％）

　　2.選擇一種符合該器材消毒之消毒液稀釋調配

　　　（1）消毒液名稱：酒精　　　　　　　　　　　　　　（5％）

　　　稀釋量：200　　　　　　　　　C.C.（應檢人根據抽籤結果填寫）

　　　（2）稀釋消毒液濃度：75％　　　　　　（5％）

　　　原液量：158　　　C.C.（3％）　蒸餾水量：42　　　C.C.（2％）

　　3.消毒液稀釋調配操作（由監評人員評分，配合評分表一）（15％）

　　　進行該項化學消毒操作（由監評人員評分，配合評分表二）（10％）

（二）物理消毒：（10％）

　　1.寫出所有適用之物理消毒方法

　　　□無　　　　　　　　　（10％）

　　　☑有　　答：煮沸消毒法、紫外線消毒法（4％）

　　2.選擇一種適合該器材之消毒方法進行消毒操作（由監評人員評分，配合評分

　　　表三）（6％）

監評人員簽章：	得分：

承辦單位計分員簽章：

化學消毒液稀釋調配操作方法

壹、操作步驟

1.應考人由籤筒中抽選一
　種器材並告知評審
2.書寫操作測驗用卷之內
　容

1.先量原液
2.選擇正確之消毒液與量
　筒

1.消毒液打開後，瓶
　口朝上
2.倒藥劑時，標籤朝
　上
　・量筒若太小，可使
　　用漏斗

1.消毒液取完後立刻
　加蓋，並放回原處
2.檢視消毒液之體積
3.量筒之刻度與視線
　成平行

1.如多取藥劑，以滴
　管吸出倒入垃圾筒
　（不可倒回藥瓶）
2.藥劑取完立刻加蓋

1.再拿量筒倒取蒸餾
　水
2.步驟與消毒液相同

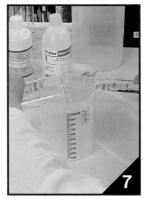

1.消毒液與蒸餾水量
　取無誤後，一起倒
　入量杯中

1.玻璃棒攪拌混合，
　再交予評審檢查
2.取一與消毒液符合
　該器材做消毒方法
　操作
3.消毒方法的動作均
　相同，差異只是在
　口述的內容不同，
　下列以75％酒精消
　毒法為例

□述
1.前處理：
　清潔動作：前處理
　（口述完成將器材放
　入消毒容器）
□述
2.操作要領：金屬類
　用擦拭，塑膠類或
　其它用完全浸泡
3.消毒條件：擦拭數
　次75％酒精10分鐘
　以上
4.後處理：瀝乾放置
　乾淨櫥櫃
　口述完畢後，將器
　材夾起放回原處
・其他消毒方法，口
　述內容不同，動作
　均相同

※如有適合該器材之物理消毒方法，需再進行消毒操作，
　（若無適用方法則答無）

物理消毒法操作方法

蒸氣消毒法

紫外線消毒法

煮沸消毒法

蒸氣消毒法操作步驟

蒸氣消毒法

1.選擇正確的器材（毛巾）
2.以夾子夾起毛巾並口述：
　a.前處理：清洗乾淨
　b.操作要領：折成弓字型，直　立　置入，切勿擁擠
動作：做折毛巾之動作並放入蒸氣消毒箱內

c.消毒條件：蒸氣箱中心溫度達80度以上放置10分鐘以上
d.後處理：暫存蒸氣消毒箱。
口述完畢後，將器材夾起放回原處

煮沸消毒法操作步驟

煮沸消毒法

1.選擇正確的器材：金屬類
（剃刀、剪刀、梳子、剪髮
機、髮夾）玻璃杯、毛巾類
2.以夾子夾起器材並口述：
　a.前處理：清洗乾淨
　b.操作要領：完全浸泡，水量
　　一次加足
　c.消毒條件：水溫100度以上5
　　分鐘以上
　d.後處理：瀝乾或烘乾，置於
　　乾淨櫥櫃

紫外線消毒法操作步驟

紫外線消毒法

1.選擇正確的器材：金屬類
　（剃刀、剪刀、梳子、剪髮
　機、髮夾）長毛刷子
2.以夾子夾起器材並口述：
　a.前處理：清潔
　b.操作要領：器材不可重疊，
　　刀剪類打開或拆開
　c.消毒條件：光度強度85微瓦
　　特／平方公分以上20分鐘以
　　上
　d.後處理：暫存紫外線消毒箱

衛生技能

洗手與手部
消毒操作

注意事項

一、本測驗包括洗手與手部消毒，應檢人必須先做書面作
　　答，再實際進行洗手與手部消毒之操作。

二、應檢人再填寫洗手、手部消毒原因及選擇適用的手部
　　消毒液時，若有一項填寫不正確或未能完整時，則該
　　項不計分。

三、在營業場所中洗手的時機至少須寫三項。

四、現場共有75％酒精、200PPM氯液、0.1％陽性肥皂液、
　　6％煤餾油配肥皂液共四種消毒液，其中以75％酒精及
　　0.1％陽性肥皂液最適宜作手部消毒。

五、若選用75％酒精消毒，則消毒後不必須再用清水沖
　　洗。

六、若選用0.1％陽性肥皂液進行手部消毒後必須再用清水
　　沖洗。

附記：

一、不同的洗手方式與效果？

　　1.用水盆洗手，約有36％的細菌存在。
　　2.用水沖洗手，約有12％的細菌存在。
　　3.用水沖→肥皂→水沖，則所有細菌都洗淨。

二、什麼時候應該洗手？

　　1.手髒的時候。

2. 修剪指甲後。

3. 清潔打掃後。

4. 清洗飲食器具或調理食物前。

5. 咳嗽、打噴嚏、擤鼻涕、吐痰及大小便後。

6. 工作前、後或吃東西前。

7. 休息20至30分鐘後。

三、在營業場所，為何要做手部消毒？

1. 避免細菌感染。

2. 洗完手後，或服務顧客之前，更確實的殺菌。

3. 發現客人有皮膚病的時候。

說明：以自己的雙手進行洗手或手部消毒之實際操作

時間：2分鐘

檢定日期	年　月　日　　編　號									
評分內容	配分	姓名								
1.進行洗手操作：										
沖手	1									
塗抹清潔劑並搓手	1									
清潔劑刷洗水龍頭	1									
沖水（手部及水龍頭）	1									
2.以自己的手做消毒操作	1									
合　　　　　計	5									
備　　　　　註										

監評人員簽章：　　　　　　承辦單位電腦計分員簽章：

洗手與手部消毒

洗手與手部消毒操作測驗用卷（10％）（發給應檢人員）

姓 名		檢定編號	

說明：由應檢人寫出在營業場所何時應洗手？何時應作手部消毒？以自己的雙

手消毒，並選擇消毒試劑進行消毒。

測驗時間：2分鐘（書面作答，洗手及消毒操作）

一、請寫出在營業場所何時要洗手？（一項即可）（2％）

　　答：_____。

二、進行洗手操作（4％）

三、請寫出在營業場所為何要做手部消毒？（述明一項即可）（1％）

　　答：_____。

四、選擇一種正確手部消毒試劑。（2％）

　　答：_____。

五、進行手部消毒操作（1％）

監評人員簽章：	得分：

承辦單位計分員簽章：

範例

洗手與手部消毒操作測驗用卷（10%）（發給應檢人員）

姓 名	林柏均	檢定編號	25

說明：由應檢人寫出在營業場所何時應洗手？何時應作手部消毒？以自己的雙
手進行消毒並選擇消毒試劑進行消毒。

測驗時間：2分鐘（書面作答，洗手及消毒操作）

一、請寫出在營業場所何時要洗手？（一項即可）（2%）

答：　手髒的時候　　　　　　　　　　　　　　　　　　　　。

二、進行洗手操作（4%）

三、請寫出在營業場所為何要做做手部消毒？（述明一項即可）（1%）

答：避免細菌感染　　　　　　　　　　　　　　　　　　　。

四、選擇一種正確手部消毒試劑。（2%）

答：75%酒精　　　　　　　　　　　　　　　　　　　　。

五、進行手部消毒操作（1%）

監評人員簽章：	得分：

承辦單位計分員簽章：

洗手

操作步驟

打開水龍頭，先將雙手在水龍頭底下淋濕，然後關上水龍頭。

雙手塗抹肥皂或沐浴乳，若選用肥皂時，塗抹肥皂後需將肥皂用水沖洗乾淨後才可放回原位。

1.兩手手指、手心互相摩擦。
2.雙手輪流從手指至手背搓揉。

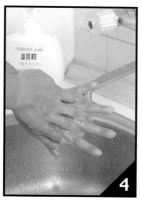

雙手互扣做拉手狀，
以清洗指甲縫。

搓手背、手指頭

打開水龍頭
1.沖洗雙手的手掌及
　手背。
2.雙手互扣做拉手
　狀，沖洗雙手指甲
　縫。

沖洗水龍頭。

沖洗水槽四周
1.雙手捧水沖洗水槽
　四周。
2.關緊水龍頭。

化粧紙擦手
1.用乾淨的紙巾或毛
　巾將手部擦乾，亦
　可用烘手器烘乾手
　部。

手部消毒

選用75％酒精消毒藥劑操作步驟

用洗淨的手將消毒藥劑瓶蓋打開，瓶蓋口應朝上，用鑷子夾出棉求。

1. 用大鑷子夾取數顆已浸泡的酒精棉球放在另一手掌心內及手指等處。
2. 鑷子歸回原處，並將酒精瓶蓋蓋好。

1. 用已取得的酒精棉球輪流擦拭雙手的手掌心、手背及手指等處。
2. 將用過的酒精棉球丟棄至垃圾桶內。

用乾淨的紙巾將手部多餘的酒精量擦乾，亦可讓其自行揮發至乾。

選用0.5%陽性肥皂苯基氯卡銨操作步驟

用乾淨的手將苯基氯卡銨瓶蓋打
開，瓶蓋口應朝上。

1.用大鑷子夾數顆已浸泡的苯基氯
　卡銨 棉球放至另一手掌內。
2.鑷子歸回原處，並將苯基氯卡銨
　瓶蓋蓋好。

1.用已取得的苯基氯卡銨棉球輪流
　擦拭雙手的手掌心、手背。
2.將用過的苯基氯卡銨的棉球丟棄
　至垃圾桶內。

雙手需用大量的清水或蒸餾水沖洗
過。

用乾淨的紙巾將手部多餘的水份擦
乾。

「消毒液和消毒方法之辨識與操作」場地設備

物理消毒法

1. 夾子。3把（夾美髮器材用）

2. 大水桶。1個（盛裝廢水用）

3. 漏斗。3個（塑膠製亦可）

4. 抹布。4條

5. 量杯或者燒杯。1個、塑膠容器0.8個

6. 不銹鋼容器。12個（可容納高度及寬度最大的美髮器材，使其可以完全浸泡於消毒液內）

7. 棉球棒。60支（每位應考人必須使用1支）

8. 計時碼錶。5個

9. 編號標示牌。5個（編號1-3，置於桌上）

10. 抽籤筒。5個

11. 消毒工具

　　◇蒸氣消毒箱（含隔架）。5台

　　◇紫外線消毒箱。5組

　　◇網狀塑膠盤以及水桶。5組（濾水用）

　　◇煮沸鍋。5台

　　◇乾淨櫥櫃。5台（放消毒好的器材用）

12. 美髮器材（2套用於物理消毒法，3套用於化學消毒法）

　　◇塑膠髮捲。5組

　　◇長毛刷子。5支

◇塑膠梳子。5支

◇玻璃杯（約200c.c.）。5個

◇毛巾。12條

◇剪刀。5把

◇剪髮機。5支

◇洗頭刷。5個

◇金屬製梳子。5支

◇金屬製髮夾。5組

◇剃刀。5把

化學消毒法

1.消毒劑原液及蒸餾水（每60人份）（每種藥劑及蒸餾水瓶上應貼上明顯辨識標籤）

◇含20%甲苯酚之煤餾油酚原液：1公升

◇10%苯基氯卡銨溶液（Benzalkonium chl ride）：500c.c.

◇95%酒精：6公升

◇10%漂白水原液：500c.c.

◇蒸餾水：12公升

2.器材

◇量筒500c.c.、200c.c.、100c.c.、50c.c.、20c.c.以及10c.c.各5個

◇燒杯（1000cc）5個

◇塑膠水桶。5個（裝廢液用）

◇玻璃棒。5支

◇有刻度玻璃吸管。5支

◇定時計時器（可定時計時5分鐘）。5個

◇電子計算機。5台

◇毛巾。12條

3.抽籤設備5組

　　◇分別寫上1至11號之號碼球及抽籤筒

4.調配下列消毒液5份，放置不鏽鋼盤盛裝容器（氯液除外）

　　◇6％煤餾油酚肥皂液

　　◇200ppm氯液（置於塑膠容器內）

5.置5個盛裝蒸餾水之水桶備清洗用

「化妝品安全衛生之辨識」場地設備

1.檢定當日由職訓局提供題卡及題卡標準答案

2.碼錶1個

3.由各應檢人員抽籤抽出一張題卡作答

4.放大鏡2個

洗手與手部消毒操作

1.配製下列消毒液各一份以瓶裝
   ◇75%酒精溶液
   ◇200ppm氯液
   ◇6%煤餾油酚肥皂液
   ◇0.1%陽性肥皂液

2.清潔劑1瓶
3.洗手台（包括水龍頭）2台
4.棉花一批及杯子

女子美髮丙級

學科試題

一、 服務態度與敬業精神

一、是非題

1. （✗）敬業精神並不表現於工作態度和待客禮儀。
　　　　　　　〔敬業精神應表現於良好的工作態度和待客禮儀〕
2. （✗）為了提高效率，在工作中可大聲說話或隨意歌唱。
　　　　　　〔工作中不可大聲說話或歌唱以免影響環境與服務品質〕
3. （○）對待顧客親切與否是決定顧客來店次數的多寡原因之一。
4. （○）美髮從業人員在工作時，工作態度的好壞直接影響服務的
　　　品質。
5. （○）適當禮貌的交談，乃是與顧客溝通作建議的最好方法。
6. （○）美髮從業人員要有優良的技術，並需具備熱忱的服務精
　　　神。
7. （✗）「人生以服務為目的」只是一句口號而已，而如何賺取更
　　　多金錢最重要。　　　　〔創造好的事業，應以服務為本質〕
8. （○）我們在工作時應該發揮團隊精神，彼此合作。
9. （○）微笑是人與人之間，接近的最佳方法。
10. （○）與顧客談話時，應考慮對方的立場。
11. （○）以美髮技術使顧客滿意與信賴是有形的服務。
12. （✗）美髮從業人員只要有高超的技術，不需要注意敬業精神。
　　　　　　　〔只有高超的技術而無敬業精神，並不能廣開客源〕
13. （○）服務態度應該是對所有的顧客誠信和一視同仁，不可表示
　　　厚此薄彼的態度。

14.（○）為顧客服務時，應避免跟別人聊天。

15.（○）美髮從業人員在工作時，應保持良好衛生習慣。

16.（╳）工作時的姿態不必講究，可以任意倚靠。

〔工作時，應保持良好的姿勢和儀態，能減少身體之負擔〕

17.（○）工作人員務必忠誠的對待顧客、顧主與同事。

18.（○）美髮從業人員服務顧客時必須注意顧客的情緒反應。

19.（○）服務態度良好可使顧客有被尊重的欣慰感，是一種優良的
服務形象。

20.（○）對顧客應像對待朋友一樣親切。

21.（○）美髮從業人員必須重視名譽，建立良好的言談舉止。

22.（╳）美髮從業人員服務時，宜以顧客給予小費之多寡，做為服
務的標準。　〔優秀的從業人員，應以服務的精神來
工作，而不是以小費多寡為服務標準〕

23.（○）從業人員的外表是最好的廣告，所以必須儀容端正。

24.（○）對於不受歡迎的顧客，不要顯現出不耐煩的態度。

25.（○）當顧客講話時，必須注意傾聽。

26.（○）從業人員對於顧客言詞務必正直溫和且表現得體。

27.（○）對待很熟的顧客也必須以禮相待，不可太隨便。

28.（○）美髮業是服務業，所以應以「顧客至上、服務第一」為主
要服務精神。

29.（╳）只要技術高明，不具備美髮理論與衛生常識，仍是優良的
從業人員。　〔應同時具備理論與衛生常識〕

30.（○）不可在顧客面前批評店內的同事。

31.（○）工作中，任意道人是非會使客人生厭。

32.（○）現代顧客水準已提高，所以，美髮從業人員要時常提昇專
業知識與技術。

33.（○）一個熟練的設計師，除專業理論及流行趨勢外，更重要的

是懂得顧客心理。

34.（○）爲顧客梳理頭髮時，從業人員的表情與態度是決定客人是
否會再上門的原因之一。

35.（✗）只要你有好的技術，顧客就會常找你梳髮。

〔還應有良好的敬業精神與態度〕

36.（○）爲顧客梳理頭髮時，你的表情與態度是可以決定客人是否
會再上門。

37.（○）顧客找你梳髮是因爲你有好的技術及態度。

38.（✗）剪髮後顧客有不滿意時置之不理即可。

〔應再予以溝通後，修改至顧客滿意〕

39.（○）愛惜名譽，是美髮從業人員應有的本分。

40.（○）充實普通常識培養業務和推銷能力，是從業人員應具有之
條件。

41.（✗）髮型設計時，若設計師與顧客彼此意見不合時，應說服顧
客接受專業的設計。

〔要尊重顧客意見，再適當加入自己的設計理念，
以達到互相之共識而做出令顧客滿意的髮型〕

二、選擇題

1.（2）美髮從業人員工作時的姿態應：（1）可以倚靠（2）保持正
確姿勢（3）不必講究（4）隨心所欲。

2.（4）美髮業是一種：（1）人與技術（2）人與頭髮（3）人與美
容院（4）人與人　直接接觸的服務。

3.（2）美髮從業人員不但有優良技術，還要有：（1）甜言蜜語（2）
敬業精神（3）穿著華麗（4）美好面貌。

4.（4）下列哪一項不是良好的職業修養：（1）誠實（2）守信（3）

熱心（4）欺騙。

5.（2）美髮技術主要是：（1）自己處理（2）為他人服務（3）為
公司效勞（4）賺錢。

6.（1）美髮院服務品質的評價主要來自於：（1）顧客（2）老板
（3）從業員（4）旁觀者給予的。

7.（2）所謂敬業精神就是：（1）做一行怨一行；（2）求實、求
進、求新的精神；（3）打擊同行；（4）道人是非。

8.（1）對待顧客的態度應該要：（1）誠實有信，一視同仁（2）視
所給小費而定（3）隨自己情緒好壞而定（4）視顧客而定。

9.（3）美髮從業人員工作時應：（1）大聲或粗聲說話（2）任意批
評別人（3）面帶笑容輕聲細語（4）同事間互相嬉鬧。

10.（4）客人詢問時應：（1）沈默不答（2）笑而不答（3）不理不
睬（4）微笑回答。

11.（1）工作時從業人員的服裝應：（1）穿著整齊的制服（2）穿
著流行的服裝（3）奇裝異服（4）穿自己喜歡的服裝。

12.（1）從業人員的服務態度應該是：（1）和藹可親；（2）隨隨
便便（3）馬馬虎虎（4）嚴肅。

13.（1）從業人員彼此間應發揮：（1）團隊精神（2）自我本位（3）
成群結隊（4）英雄主義。

14.（4）身為美髮從業人員，替顧客服務時的主要原則是：（1）聽
從客人的指揮（2）不管客人的意見（3）根據老板的意見
（4）提出意見與顧客討論。

15.（3）美髮從業人員從顧客進門到出門應使顧客感覺：（1）冷淡
（2）陰沉（3）賓至如歸（4）不受重視。

16.（2）當發現自己的看法和顧客不同時應：（1）堅持自己的意見
（2）與顧客溝通協調（3）絕對服從（4）不理不睬。

17.（1）從業人員的服務態度親切、同事之間和諧是：（1）顧客上

門（2）氣氛濃厚（3）同事相處有信心（4）為了大眾相處的主因。

18.（2）髮型設計師是流行的帶動者，對新的資訊應要掌握，且隨時：（1）對自己標準加以強化（2）充實或在職進修（3）有錢可圖（4）得過且過。

19.（1）良好的美髮設計師，應當不任意：（1）批評他人（2）談笑（3）議價（4）與他人打招呼。

20.（1）美髮設計師應具備專業理論及精湛的技能，更重要的是：（1）職業道德（2）顧及客人多寡（3）價錢高（4）看顧客收費。

21.（1）設計師對本身儀容、態度應加以重視，更重要的是對待顧客時應儘量強調對方：（1）優點（2）缺點（3）流行（4）髮色。

22.（4）流行的髮型不一定能適合每位顧客，應優先考慮：（1）新潮（2）髮質（3）風俗（4）顧客的適應性。

23.（3）顧客曾經在他處，遭受到毛髮之傷害，最佳的解決方法是：（1）把它剪掉（2）促使客人燙髮（3）找出失敗原因加以處理（4）批評同事間的是非。

24.（2）美髮師工作姿勢正確，可以：（1）使人安心（2）不容易疲勞（3）髮型好（4）材料省。

25.（4）美容院中聊天的好話題應該是：（1）政治性的（2）爭議性的（3）宗教性的（4）非爭議性的。

26.（4）（1）美髮；（2）美容（3）服飾（4）整體配合　才能把一個人的個性、品性顯現出來。

二、人體生理

一、是非題

1. （✗）心窩是指胸骨之下方凹陷處，內部有心臟，爲人體要害之
   一。　　　　　　　　　　　　　〔心臟在胸骨中線偏左方〕

2. （○）「旋毛」指頭髮像漩渦一般長出來的中心位置。

3. （○）細胞膜具有半透膜的性質，只能讓小分子物質進出。

4. （✗）促進細胞內化學反應的酵素主要爲脂質。　　〔蛋白質〕

5. （○）細胞是構成生物體的最小單位。

6. （✗）皮膚是人體中最大的組織，位於身體的外壁。
   　　　　　　　　　　　　　　　〔皮膚是人體中最大的器官〕

7. （○）皮膚的眞皮下方還有一層皮下組織。

8. （✗）頭皮屑是頭部表皮外層剝落的死細胞，其生命週期約爲二
   週。　　　　　　　　　　　　　　　〔生命週期約爲四週〕

9. （✗）皮膚使體溫維持在37～37.5℃的正常範圍內。
   　　　　　　　　　　　　　　　　　　　〔正常體溫爲36.5℃〕

10. （✗）少量的水分、鹽分及含氮廢物都可自皮膚上的毛孔排出體
    外。　　　　　　　　　　　　　　　　　〔表皮的小汗腺〕

11. （○）皮脂腺可保持皮膚的滑潤，形成表面脂肪層，並略具一般
    殺菌作用。

12. （✗）變黑的皮膚可阻止陽光中的紅外線傷害到較深的人體組
    織。　　　　　　　　　　　　　　　　　　　　〔紫外線〕

13. （○）皮膚所含水分隨著年齡增加而減少。

14.（✕）除了手掌外，全身各部的皮膚幾乎都有皮脂腺。

〔還有腳掌〕

15.（○）真皮主要由結締組織構成，並含有神經、血管、汗腺、皮脂腺和毛囊等皮膚附屬器官。

16.（✕）表皮不含神經末梢，卻有微血管。

〔表皮含有神經末稍，但無血管〕

17.（✕）年齡及性別與皮下組織的厚度無關。　　〔有關〕

18.（○）油脂腺具有排泄廢物的功用。

19.（○）汗腺有一環繞的基部，並由一根管子伸到皮膚表面形成汗孔。

20.（✕）脊椎骨、胸骨及肋骨都是屬於附肢骨骼。

〔屬於軀幹骨骼〕

21.（○）人類的脊柱係由頸椎—— 胸椎—— 腰椎—— 薦椎—— 尾椎，依序所組成。

22.（✕）構成頭顱的骨呈鋸齒狀接合，是稍微可動的關節。

〔不動關節〕

23.（✕）正確舉起重物的方法是直接彎腰，再舉起重物。

〔先蹲下，再舉起重物〕

24.（○）人體上臂肱骨和肩胛間的關節之接合是屬於窩臼關節。

25.（○）依形狀分類，脊椎骨是屬於不規則骨。

26.（○）人體脊柱的功能是支持身體體重和保護脊髓。

27.（○）指關節可作多方向的運動，是最適合靈活運動的關節。

28.（○）肝臟可使血液中的氨變成尿素。

29.（✕）皮膚的排泄物為水和尿素。　　〔汗液、鹽分與其他物質〕

30.（✕）交感神經和副交感神經作用相反，是屬於感覺神經。

〔自律神經〕

31.（✕）感覺神經的路線是由內向外，故又稱向心神經。

〔由外向內〕

32.（○）延腦屬於中樞神經系統，其功能與呼吸、咳嗽、吞嚥等有關。

33.（○）副交感神經有阻遏心跳、放鬆血管及增加小腸蠕動的功能。

34.（×）排汗的過程不受神經系統的控制。　〔需受神經系統控制〕

35.（×）馬拉松賽跑的長時間運動其肌肉收縮的能量來源主要是無氧能量。　　　　　　　　　　　　　　　　〔有氧能量〕

36.（○）肌肉長時間收縮後，主要由於磷酸肌酸的堆積，而產生疲勞。

37.（○）骨骼肌的收縮受運動神經的支配。

38（×）心肌的肌肉具有橫紋且可隨意志控制。

　　　　　　　　　　〔心肌不是橫紋肌，不可隨意控制〕

39.（○）消化、泌尿、生殖道等中空內臟器官的肌肉都是平滑肌。

40.（○）肌肉的一端稱為肌頭，另一端為肌尾，而介於其中膨大的部分為肌腹。

41.（○）當肌肉細胞等不到氧氣時，就利用肝醣作為能量來源，同時產生乳酸。

42.（×）所謂肌細胞，指的就是肌束。　　　　　　〔肌纖維〕

43.（×）肌肉疲勞時應任其休息，並在疲勞部位冷敷即可。

　　　　　　　　　　　　　　　　　　　　　　〔熱敷〕

44.（○）供應頭、臉、及頸部營養的血液來源是總頸動脈。

45.（○）枕動脈為外頸動脈間後腦的分支，供應後腦勺大部分的血液。

46.（○）血液中若抗原和抗體互相作用，就會發生凝集反應。

47.（×）A型血液中只能輸入A型或AB型的血液。

　　　　　　　　　　　　　　〔輸血以輸入同型血液為原則〕

48.（✗）AB型的血漿中不含任何的抗原。

〔AB型有A抗原及B抗原，而無任何抗體，A型有A抗原及A抗體，

B型有A抗原及B抗原，O型則無任何抗原，而有A、B抗體〕

49.（○）嗜中性白血球，可進行變形運動聚集在身體發炎部位，以吞噬入侵的細菌。

50.（○）體循環提供充血氧予全身細胞利用。

51.（○）尿的成分中水分最多，另有無機物和有機物。

52.（○）排泄的途徑，主要是腎臟，其次為肝臟與大腸，再其次為皮膚。

二、選擇題

1.（4）以下不屬於生命特質的為：（1）遺傳基因（2）成長老化（3）種族性別（4）營養過剩。

2.（2）（1）健康檢查（2）激烈運動（3）預防感染（4）防止意外不是維護健康的基本要則。

3.（3）鼻子下到上唇中央凹陷的溝稱為：（1）鼻翼（2）鼻尖（3）人中（4）下巴。

4.（4）人類的身體是由什麼所構成：（1）細胞（2）細胞、組織（3）細胞、組織、器官（4）細胞、組織、器官、系統。

5.（1）封閉原生質，有選擇性讓物質進出細胞的能力是：（1）細胞膜（2）細胞核（3）細胞液（4）細胞質。

6.（2）正常一個人體細胞的染色體有：（1）23（2）46（3）92（4）184　個染色體。

7.（4）細胞中含量最多也是最基本的物質是：（1）醣類（2）蛋白質（3）脂質（4）水分。

8.（4）細胞中非供應能量的物質是：（1）醣類（2）蛋白質（3）

脂質（4）礦物質。

9.（4）下面哪一項不是皮膚的附屬品：（1）指甲（2）毛髮（3）趾甲（4）微血管。

10.（2）油脂腺在何處分布最多：（1）手掌（2）臉部（3）腳底（4）關節。

11.（3）皮膚上汗腺的小開孔稱之為：（1）毛囊（2）微血管（3）毛孔（4）毛孔頭。

12.（1）下列何者中沒有皮脂腺：（1）手掌（2）臉部（3）前額（4）頭皮。

13.（1）最厚的皮膚是在：（1）手掌（2）兩額（3）前額（4）下額。

14.（1）最薄的皮膚是在：（1）眉毛（2）眼皮（3）前額（4）手背。

15.（3）人體最大面積的器官是：（1）心臟（2）肺（3）皮膚（4）肚子。

16.（3）健康的皮膚應該是：（1）完全乾燥（2）無任何顏色（3）稍為濕潤及柔軟（4）蒼白。

17.（3）皮膚最外的保護層稱為：（1）真皮（2）脂肪組織（3）表皮（4）皮下組織。

18.（3）皮膚的最外層是：（1）透明層（2）顆粒層（3）角質層（4）基底層。

19.（4）下列何者沒有血管分布：（1）真皮（2）上皮（3）皮下組織（4）表皮。

20.（3）皮膚約占人體體重的：（1）0.1%～1%（2）1%～5%（3）6%～16%（4）20%～40%。

21.（2）下列區域中，何者皮脂腺較不發達：（1）鼻子（2）手臂（3）前額（4）背部。

22.（2）協調及移動身體各部的器官是：（1）皮膚（2）肌肉（3）消化（4）排泄。

23.（4）哪一個器官促使血液循環：（1）肺（2）骨骼（3）肌肉（4）心臟。

24.（1）哪一個器官將氧氣供給血液：（1）肺（2）骨骼（3）肌肉（4）心臟。

25.（2）哪一個系統是肉體的支持：（1）肺（2）骨骼（3）神經（4）心臟。

26.（3）下面哪一項不影響油脂腺分泌：（1）食物（2）血液循環（3）骨骼（4）內分泌腺受刺激。

27.（4）頭蓋骨由幾塊骨組成：（1）五塊（2）六塊（3）七塊（4）八塊。

28.（4）顏面骨中唯一能夠自由運動的是：（1）下頜骨（2）上頜骨（3）淚骨（4）顴骨。

29.（3）頭顱的額骨是屬於：（1）長骨（2）短骨（3）扁平骨（4）不規則骨。

30.（1）具有關節囊的結締組織，內含液體而可減少關節活動磨擦的是：（1）可動關節（2）稍微動關節（3）不可動關節（4）完全不可動關節。

31.（3）大腿由稍息回到立正姿勢的動作為：（1）旋前運動（2）旋後運動（3）內收運動（4）外展運動。

32.（4）正確的站姿以下何者為誤：（1）挺胸；（2）收小腹；（3）頭抬高；（4）重心放在腳跟。

33.（3）人體的肋骨共有：（1）10對（2）11對（3）12對（4）13對。

34.（2）肌細胞就是：（1）肌原纖維（2）肌纖維（3）肌束（4）肌肉。

35.（1）可受意志控制的肌肉是：（1）骨骼肌（2）心肌（3）平滑
　　　　肌（4）肌束。

36.（2）下列肌肉中又稱為內臟肌的是：（1）心肌（2）平滑肌（3）
　　　　骨胳肌（4）肌束。

37.（2）肌肉的中央部分膨大，而兩端漸細，其中央部分稱為：（1）
　　　　肌頭（2）肌腹（3）肌腱（4）肌尾。

38.（4）肱二頭肌的收縮可使手臂彎曲，而使其產生拮抗作用的
　　　　是：（1）伸指長肌（2）收縮長肌（3）三角肌（4）肱三
　　　　頭肌。

39.（2）肌肉疲勞是因產生：（1）碳酸（2）乳酸（3）磷酸（4）
　　　　磷酸肌酸　所致。

40.（4）肌肉收縮所需的能量乃直接來自：（1）磷酸肌酸（2）肝
　　　　醣（3）乳酸（4）腺嘌呤核甘三磷酸。

41.（2）供應人體後腦血液的動脈是：（1）後耳動脈（2）枕動脈
　　　　（3）顳淺動脈（4）顏面動脈。

42.（2）下列中非源自外頸動脈的是：（1）顏面動脈（2）上眼眶
　　　　動脈（3）上顎動脈（4）枕動脈。

43.（1）A型血液的紅血球中含有：（1）抗原A（2）抗原B（3）抗
　　　　原AB（4）抗原O。

44.（4）（1）A型；（2）B型；（3）AB型；（4）O型　血型者，
　　　　是全能給血者。

45.（3）（1）A型（2）B型（3）AB型（4）O型　血型者，是全能
　　　　受血者。

46.（1）由左心室輸出充氧血，而供給氧氣至全身細胞的是：（1）
　　　　大循環（2）小循環（3）肺循環（4）門脈循環。

47.（2）正常成年人的心跳次數，在休息狀態為每分鐘：（1）40～
　　　　60（2）60～80（3）80～10（4）100～120　次。

48.（3）一個人的血壓測得爲120／80，則其收縮壓應爲：（1）80
（2）100（3）120（4）140。

49.（1）可產生抗體蛋白以保護身體免疫功能的是：（1）淋巴球
（2）紅血球（3）血小板（4）血餅。

50.（4）尿的成分大部分是：（1）尿素（2）氯化物（3）鉀（4）
水分。

51.（2）正常情況下，人體貯尿的器官是：（1）腎臟（2）膀胱（3）
尿道（4）輸尿管。

52.（1）尿主要由：（1）腎臟（2）肝臟（3）皮膚（4）大腸　所
排泄。

53.（3）負責肢體肌肉平衡與調節各部肌肉運動的中樞爲：（1）大
腦（2）中腦（3）小腦（4）延腦。

54.（1）運動神經的傳遞路線是：（1）由內而外（2）由外而內（3）
由左而右（4）由右而左。

55.（3）傳遞由腦部所發出的訊息，控制並協調各器官的功能是：
（1）循環（2）肌肉（3）神經（4）消化。

56.（2）皮膚對於冷熱碰觸有所反應，因爲它有：（1）血液（2）
神經（3）淋巴液（4）汗腺及油脂。

57.（1）感覺疼痛及溫度的變化是：（1）末梢神經（2）細胞（3）
血液（4）肌肉。

三、毛髮理論

■是非題

1.（○）毛乳頭是毛髮的製造工廠，其所需養分由毛細血管輸送。

2.（○）頭髮的作用是裝飾、保護和保溫。

3.（○）頭髮過熱太久會膨脹不均勻。

4.（✕）頭髮的組織，最外層為皮質層。　　　　　　　〔表皮層〕

5.（○）影響脫髮的主要原因有：遺傳、年齡增長、毛乳頭的老化及荷爾蒙。

6.（○）頭髮約97％由角蛋白質所組成。

7.（○）東方人髮質的特性是粗黑重硬，西方人髮質的特性是輕柔細軟。

8.（✕）通常頭髮彈性的大小與髮中角蛋白質的鍵結組合無關。

　　　　　　　　　　　　　　　　　　　　　　　　　〔有關〕

9.（○）有害的頭髮用品和不當技術方式會使毛髮構造受損。

10.（○）毛髮中的自然色素粒子稱為麥拉寧（Melanin）色素體。

11.（✕）頭髮的皮質層是由互相分離、透明多角形角化細胞所構成。　　　　　　　　　〔皮質層是由數層長、扁平且呈紡錘狀細胞縱向排列而成〕

12.（○）毛球中的頭髮所含的水分約90％，但若角質化以後，則大約只剩10％。

13.（○）頭髮中毛囊的大小、外形、方向可決定毛髮的形狀及方向。

14.（○）頭髮本身是沒有酸鹼度（pH值）的，我們所說的頭髮酸鹼

度（pH值）是指頭髮周圍分泌物的酸鹼度。

15.（○）頭髮水分含量減少時，髮質變乾，若水分太多，頭髮容易伸長而顯得軟弱無力。

16.（○）頭髮的彈性是指頭髮拉長後恢復原狀而不損害髮質的範圍。

17.（○）頭髮分乾、中及油性三大類。

18.（○）黑、褐、黃、紅四種麥拉寧（Melanin）色素粒子分佈不同，所以整頭頭髮的顏色並不完全一樣。

19.（✕）頭髮中黑色及棕色的色素粒子通常分布較規則，同時粒子也較小。　　　　〔通常分布較不規則，同時粒子也較大〕

20.（○）頭髮中紅色、黃色色素粒子分布規則，且粒子較小並含鐵質。

21.（✕）不管頭髮是什麼顏色，頭髮的化學成分都是相同的。

〔不相同〕

22.（✕）每一根毛髮、毛囊的深度都是相同的。　　　〔不相同〕

23.（✕）頭髮成長的速度白天比晚上快、春夏比秋冬快、男性比女性快。　　　　　　　　　　　　〔女性比男性快〕

24.（✕）頭髮的吸水性可由皮質層的合攏或分開程度來決定。

〔表皮層〕

25.（○）頭髮中的角蛋白質含有C（碳素）、H（氫素）、O（氧素）、N（氮素）及S（硫素）。

26.（○）每一個毛囊都附有一個或多個油脂腺。

27.（✕）毛乳頭位於毛囊中間段外側。　　　　　　　〔內側〕

28.（✕）即使缺乏毛乳頭，新的毛髮細胞也能形成並成長。

〔沒有毛乳頭就不能形成毛髮細胞，毛髮也不可能成長〕

29.（○）頭髮在15～30歲時長得最快，但在50～60歲時急劇減少。

30.（○）一年之中春、秋時期，頭髮掉落較多。

31.（✗）健康頭髮的酸鹼度呈微鹼狀態。　　　　　〔呈弱酸狀態〕

32.（○）新髮是由細胞分裂所形成，發生於毛髮根部的毛乳頭凸起部分。

33.（✗）東方人的灰髮或白髮是在頭髮長出後再出現的。
　　　　　　　　　　　　　　　　　　〔毛髮顏色在毛囊內已形成〕

34.（○）髓質層在非常細的毛髮中不一定存在。

35.（○）油脂腺具有排泄廢物的功用。

36.（○）一般而言乾髮約可延伸原長約20%，濕髮約可延伸原長40%～50%。

37.（○）汗腺有一環繞的基部，並由一根管子伸到皮膚表面形成出汗孔。

38.（○）體毛生長週期較頭髮短，故掉毛較快。

39.（✗）每個人毛表皮鱗片疏密及排列皆相同。　　　　〔不相同〕

40.（✗）毛髮中的角蛋白質遇鹼性時，則變得緊張而堅硬。
　　　　　　　　　　　　　　　　　　　　　　　　〔遇鹼則軟化〕

41.（✗）毛髮自然保濕因子，存在於表皮層中。　　　　〔皮質層〕

42.（○）頭髮的組成含有蛋白質，其中水分占10%以下的髮較乾燥。

43.（○）頭髮成長速度每月約1～2公分（cm）。

44.（✗）在毛根周圍有皮脂腺、毛乳頭、毛細血管。
　　　　　　　　　　　　　　　　　　　〔皮脂腺、毛乳頭、豎毛肌〕

45.（✗）海水對頭髮有保護作用。　　　　〔海水鹽分會傷害髮質〕

46.（✗）影響毛髮之粗細、形狀是由情緒、內分泌決定。
　　　　〔毛髮性質會隨著年齡、性別、健康狀況或生長部位而變化〕

47.（○）毛髮中有表皮層、皮質層、髓質層三層。

48.（○）毛髮中表皮層是可以保護內部的。

49.（✗）毛髮中的髓質層含有色素。　　　　　　　　〔皮質層〕

50.（✕）在細髮中是缺少皮質層。　　　　　　　　　〔髓質層〕

51.（○）人體中以手掌、腳底、唇的部分，完全沒有毛髮。

52.（○）毛髮的周期是指毛髮生長休止脫落再生長。

53.（○）毛髮的生長會受潮濕、冷熱氣候等影響。

54.（○）通常頭髮每日平均脫落約50～100根。

55.（○）毛根自毛乳頭鬆落之後向上脫出毛囊，毛乳頭再長出新的
　　　　毛髮稱毛髮新陳代謝。

56.（○）頭皮之毛孔，每孔不一定只有一根毛髮。

57.（✕）男性荷爾蒙可刺激頭髮的生長。　　　　〔女性荷爾蒙〕

58.（✕）頭髮嚴重損傷或分叉，保養護髮霜能使頭髮起死回生。

　　　　　　　　　　　　　　　　　〔應先將分叉部位修剪再護髮〕

59.（✕）髮幹是在表皮之下的部分。　　　　　　　〔表皮之上〕

60.（○）毛乳頭是位於毛囊底部之椎狀凸出。

61.（✕）毛囊提供毛髮細胞生長並供給養分。　〔毛乳頭提供養分〕

62.（○）發怒、害怕、寒冷時起毛肌會使毛髮直立起來。

63.（○）油脂腺對毛髮可增加潤滑與彈性。

64.（✕）頭髮之生命周期約為7～10年。　　　　　　〔2～6年〕

65.（✕）色素粒子是藏在髓質層內，且可決定髮色。　〔皮質層〕

66.（○）頭髮變白是因為髮中缺乏色素，或上了年紀、生病、情緒
　　　　等因素所致。

67.（✕）角質細胞脫落過多，是形成白髮的原因之一。

　　　　　　　　　　　　　　　　〔形成頭皮屑的原因之一〕

68.（○）老年生理因素所引起的禿頭，稱「老年禿頭」。

69.（○）因不明原因引起的禿頭，常受遺傳影響，稱「早年禿
　　　　頭」。

70.（✕）頭皮癬長在頭上，可以由美容師來處理。

　　　　　　　　　　　　　　　　　　　　〔應由醫師處理〕

71.（○）毛囊一帶發炎、生膿皰引起之現象，稱「癤瘡」。

72.（○）高蛋白質製品能補充頭髮內的間充物質使頭髮更健康。

73.（○）灰白的頭髮是指黑髮及白髮混在一起的現象。

74.（○）髮質脆弱是指頭髮易分叉或斷落。

75.（○）頭髮在一定的濕度下，可承受得住100公克至150公克的重量。

76.（╳）頭髮與人體的荷爾蒙分泌無關。　　　　　〔有關〕

77.（╳）白髮中有氣泡也有色素粒子。

〔白髮是由於色素粒子缺乏或略有空氣間隙的存在〕

78.（○）頭髮一旦損傷，彈性會減低，延伸度也會受到影響。

79.（╳）頭髮的吸水性可由皮膚的表皮層合攏或分開程度來決定。

〔由頭髮的表皮層毛鱗片的合攏分開程度決定〕

80.（○）毛髮的油脂腺分泌油脂，汗腺並有排泄功能。

81.（○）健康的頭髮具有光澤、有彈性、顏色均勻。

82.（○）造成不健康頭髮的主要原因有常燙、常漂染或海水浸漬或強烈陽光曝曬或塗抹覆蓋式染髮劑或劣質洗髮精等因素造成。

83.（╳）頭髮的健康與否，與飲食有關，而與經常燙染無關。

〔經常染燙易造成多孔性毛髮〕

84.（○）頭皮層的產生與季節、飲食、睡眠，洗髮精不良有關。

85.（╳）頭髮表皮鱗片狀組織的重疊方向是朝向髮根。

〔朝向髮尾〕

86.（○）髮質會因人的體質而有所不同。

87.（╳）「白髮拔一根得七根」此項理論是正確的。

〔此理論無科學根據〕

88.（○）頭髮普遍的毛病為頭皮屑，頭髮分叉掉髮。

89.（○）頭髮生長週期之長短與遺傳、年齡、性別、健康、生活習

慣等而有所差別。

90.（○）附著頭髮的灰塵及污垢可藉著梳刷頭髮除去，並提高洗淨效果。

91.（○）容易產生濕潤頭垢之頭髮屬油性髮質。

92.（○）在洗頭髮後擦營養霜，乾裂的頭髮會較柔順。

93.（○）頭皮的皮脂腺分泌過盛或過少，都很容易產生頭皮層。

94.（○）對乾性頭皮可多做頭皮按摩，促進皮脂分泌，最好每天自行按摩頭皮約20分鐘。

95.（╳）刷髮時不可以太劇烈，以免刺激頭皮促進汗腺分泌過多油脂。　　　　　　　　　　　〔促進皮脂腺分泌過多油脂〕

96.（○）持續性的睡眠不足，頭髮會變得乾燥。

97.（╳）不當的刷髮會使毛髮髓質層受到傷害。　　〔表皮層〕

98.（○）長時間曝曬於強烈陽光中，毛髮內的蛋白質會受到紫外線破壞。

99.（╳）油性髮質之油脂從毛幹分泌出來。

　　　　　　　　　　　　　　　　　〔油脂是由皮脂腺分泌〕

100.（○）在任何季節都是很乾燥的頭髮是屬於乾性髮質。

101.（╳）不可頻頻洗髮的頭髮是中性髮質。　　　〔乾性髮質〕

102.（○）圓形脫毛症會因頭皮細菌感染而得。

103.（╳）壯年白髮與遺傳無關。　　　　　〔大部分與遺傳有關〕

104.（○）少吃刺激性食物也是防止頭皮屑方法之一。

105.（╳）人體全身的皮膚皆有毛髮。

　　　〔人體之手掌、腳底、肛門、嘴唇、眼臉及生殖器無毛髮〕

106.（○）健康人頭髮的生長期大約2至5個月。

107.（○）剪或剃並不會影響毛髮的生長或使其變粗。

108.（○）人類的頭皮大約有100,000個毛囊。

109.（╳）淡色的毛髮含有較少的氧和硫。

〔淡色的毛髮含有較多的氧和硫〕

110.（○）深色的毛髮含有較多的碳。

111.（╳）眉毛和眼睫毛屬於纖毛髮。　　　　　　　　　　　〔短毛髮〕

112.（○）汗毛可以幫助汗水的有效蒸發。

113.（╳）一根毛髮在潤濕的狀況下約能多拉長五分之一。

〔乾毛髮伸展後可增長五分之一，濕潤後可增長40％～50％〕

114.（╳）毛髮上附著神經，可致使皮膚起「雞皮疙瘩」。

〔豎毛肌可使皮膚起雞皮疙瘩〕

115.（○）毛眉的生長期約為5～6個月。

116.（╳）當人們年紀較大時，毛髮的生長期會逐漸延長。

〔年紀大新陳代謝慢而使生長期縮短〕

117.（╳）市售之生髮水可使毛囊數目增多而致頭髮更為濃密。

〔毛囊有一定數目，所以不會因生髮水而使毛髮增多〕

118.（╳）頭皮屑主要是因為空氣落塵所致。

〔主要是角質脫落〕

119.（○）毛髮的休止期約2～4個月。

120.（╳）毛髮主要是由一種碳水化合物構成。

〔主要由碳、氫、氧、氮、硫五種化學成分構成〕

121.（╳）毛髮埋在表皮下面的部分稱為毛幹。　　　　　　　　〔毛根〕

122.（○）當一個人情緒緊張或精神受到打擊時頭髮容易脫落。

123.（╳）鈣質是製造毛髮角質蛋白的原料。

〔蛋白質是製造毛髮角質蛋白質的原料〕

124.（○）所有的傷害，只要不傷害到毛乳頭的組織，則痊癒後會
　　　　　長出新髮。

125.（╳）毛髮的最外層為皮質層，具保護髮根的功用。〔表皮層〕

126.（○）毛髮的生長速率，春夏二季通常大於秋冬。

127.（╳）毛囊的外根鞘來自表皮細胞。　　　　　　　〔表自真皮層中〕

128.（╳）毛髮經過退化期就開始脫落。

〔毛髮經過發生期開始脫落〕

129.（○）毛髮的生長，一般而言，女性比男性長得快。

130.（╳）乾熱在攝氏六十度左右時，對毛髮中的角質蛋白質就會產生變化。〔毛髮加熱到攝氏一百二十度左右，

還不會有極端變化，但如繼續加高，毛髮就會膨大〕

131.（○）在濕熱的狀態下，溫度達攝氏五十五度時，毛髮的角質蛋白就開始變化。

132.（╳）產後或生病所產生的脫髮屬永久性，無法治療。

〔屬於暫時性脫髮，過一段時間，即會自然長出〕

133.（╳）由於缺乏維生素F，毛髮乾燥易斷，易引起皮囊炎。

〔缺乏維生素A〕

134.（○）乾性或油性髮質主要是內分泌異常所引起，與外在因素無關。

135.（╳）直髮或自然捲長與毛髮粗細有密切關係。

〔與毛囊之形成有密切關係〕

136.（○）毛髮的類型與遺傳、生長角度有不同等關係。

137.（○）年齡越增長，頭髮生長密度越低。

138.（╳）粗硬髮質的表皮層粗糙，且組織結構呈緊密狀況。

〔組織結構呈寬疏狀況〕

139.（○）毛髮粗細是因種族、遺傳、性別、年齡、健康狀態等而有差別。

140.（╳）直型毛髮的橫切面呈橢圓型，而其毛囊在皮膚內的形狀是歪斜的。〔呈圓形，形狀為直立的〕

141.（╳）波浪型毛髮的橫切面呈圓型，其毛囊在皮膚內的形狀是直立的。〔呈橢圓型，形狀為歪斜的〕

142.（○）捲曲型毛髮的橫切面接近扁平，其毛囊在皮膚內的形狀

是微彎曲的。

143.（✗）只要多燙、染即可改善細軟髮質。

〔常燙染會造成多孔性髮質〕

144.（✗）頭髮遇酸時表皮層呈張開狀態，且能保護毛髮。

〔遇酸表皮層會合攏〕

145.（✗）測試拉力是判斷毛髮是否健康的唯一方法。

〔還有視診、觸診〕

146.（○）毛髮已受損的髮質無法自然恢復原狀。

147.（✗）受損的毛髮像海棉，帶有很強的正電。 〔帶有負電〕

148.（○）髮質檢試可幫助提升專業知識及美髮技術。

二、選擇題

1.（3）含有血液和神經，以提供頭髮的成長和再生是：（1）毛囊（2）油脂腺（3）毛乳頭（4）毛囊皮。

2.（3）身體上四處可見毛髮，下面哪一部分有毛髮：（1）手掌（2）腳掌（3）眼皮（4）嘴唇。

3.（1）下面哪一項對頭髮成長速度有影響：（1）營養（2）剪短（3）削髮（4）電棒捲髮。

4.（2）頭髮成長不受哪一項影響：（1）季節（2）味覺（3）荷爾蒙（4）健康。

5.（3）引起雞皮疙瘩的是：（1）隨意肌（2）三角肌（3）起毛肌（4）平滑肌。

6.（2）人類頭髮粗硬、細軟決定在：（1）表皮層（2）皮質層（3）髓質層（4）毛乳頭層數的厚薄。

7.（3）捲曲型頭髮在顯微鏡下觀察外形幾乎是：（1）圓形（2）橢

圓形（3）扁平形（4）三角形。

8.（3）頭髮的表皮層是由髮根處向髮梢圍著毛髮的四周約：（1）1
～2層（2）3～5層（3）7～9層（4）15～20 層如鱗片般順
次重疊。

9.（2）毛髮之平均數量約：（1）5～6萬根（2）10～12萬根（3）
3,000萬根（4）2,000萬根。

10.（2）毛髮的組成主要是：（1）軟蛋白質（2）角蛋白質（3）鈣
質（4）磷質。

11.（2）正常毛髮中水分含量約占：（1）4%（2）10%（3）15%
（4）20%。

12.（3）頭部按摩能使：（1）頭髮失去光澤（2）頭髮脫落（3）血
液循環良好（4）分叉。

13.（1）毛髮的鱗片張口重疊方向應是：（1）髮根朝髮尾（2）髮
尾朝髮根（3）密閉式無開口（4）任意重疊。

14.（1）毛髮中的蛋白質由胺基酸構成，而胺基酸是由：（1）碳、
氫、氮、氧、硫（2）碳、氮、磷、氧、硫（3）碳、氫、
氧、硫（4）氫、氧、鈷、鋅、硫 構成。

15.（1）髮幹構造由裡到外共有哪幾層：（1）髓層、皮質層、表皮
層（2）髓質層、皮質層（3）髓質層、皮質層、表皮層、
外表皮層（4）表皮層、髓質層。

16.（2）頭髮本身帶有電荷為：（1）陽離子（2）陰離子（3）正負
都有（4）正負都沒有。

17.（1）毛髮是嬰兒在母親腹中：（1）3個月（2）5個月（3）7個
月（4）出生時 即開始生長。

18.（1）頭髮最外層為：（1）表皮層（2）皮質層（3）毛球（4）
髓質層。

19.（2）一般而言，停止生長的頭髮約占頭髮總數的：（1）50%（2）

15%（3）70%（4）3%。

20.（2）頭髮露出表皮可見的部分稱爲：（1）髮根（2）髮幹（3）髮骨（4）毛囊。

21.（1）頭髮的顏色由下列幾種色素決定：（1）黑、褐、紅、黃；（2）黑、紅、黃；（3）黑、橘、白；（4）黑、橘、紅、黃。

22.（2）頭髮的表皮層是一種：（1）透明狀（2）半透明狀（3）不透明狀（4）黑色狀。

23.（3）頭髮的成分中蛋白質占頭髮的百分比：（1）57%（2）67%（3）97%（4）37%。

24.（2）一般頭髮生命週期爲：（1）2～6月（2）2～6年（3）8～10（4）8～10年。

25.（1）頭髮的彈性和力量是在於頭髮的：（1）皮質層（2）表皮層（3）毛囊（4）髓質層

26.（4）當色素消失而形成了空間，頭髮變成爲：（1）黑色（2）棕色（3）紅色（4）灰白色。

27.（2）正常乾燥頭髮可伸展至：（1）原來長度的一半（2）原來長度的五分之一（3）原來長度的四分之三（4）原來長度的兩倍。

28.（2）皮脂腺提供皮脂以保護頭髮之：（1）暗淡（2）柔軟（3）粗糙（4）長度。

29.（3）頭髮的髮色、強度及髮質主要原因爲：（1）飲食（1）生活習慣（3）遺傳（4）心情。

30.（4）如果毛乳頭被破壞了，頭髮將會：（1）再生長（2）生長快速（3）生長緩慢（4）不再生長。

31.（3）所謂多孔性是頭髮吸收下列何者的能力：（1）角質素（2）陽光（3）水分（4）紫外線。

32.（4）何謂有彈性的頭髮：（1）頭髮的色素粒子多者（2）頭髮具有吸收水分的能力（3）頭髮伸展即斷裂者（4）頭髮伸展後能恢復原形而不斷裂者。

33.（2）頭髮及頭皮藉者分泌下列何物得以保持柔順：（1）荷爾蒙（2）皮脂（3）角質素（4）酵素。

34.（3）直髮的頭髮結構，其橫斷面為：（1）方形（2）橢圓形（3）圓形（4）扁形。

35.（1）頭髮的營養來自於頭髮的毛乳頭，因為它含有：（1）血管（2）肌肉（3）腺體（4）脂肪組織。

36.（3）皮脂線分泌過多會使頭髮變成：（1）中性（2）乾性（3）油性（4）鹼性。

37.（1）頭髮含有較多的：（1）碳（2）氧（3）硫（4）氮　元素

38.（3）頭髮約需多久才會長出頭皮外：（1）2～5小時（2）2～5天（3）2～5星期（4）2～5個月。

39.（1）沒有起毛肌的毛髮是：（1）眉毛（2）頭髮（3）手部的毛髮（4）腳部的毛髮。

40.（3）容易產生油垢之頭髮屬：（1）乾性（2）中性（3）油性（4）酸性

41.（1）（1）乾性（2）中性（3）油性（4）酸性　頭髮較易分叉。

42.（3）用水噴濕頭髮，吸濕優良者是屬於：（1）中性髮（2）油性髮（3）乾燥髮（4）混合性髮。

43.（1）在任何季節都是油膩膩的感覺是屬於：（1）油性（2）中性（3）乾性（4）鹼性頭髮。

44.（4）髮質柔順容易梳理、不會分叉或糾纏的是：（1）受損髮質（2）缺乏彈性髮質（3）乾性髮質（4）健康髮質　的狀態。

45.（1）長時間曝曬於強烈日光中，毛髮中的角蛋白質有一部分會被：（1）紫外線（2）紅外線（3）灰塵（4）X光線　破

壞。

46.（3）所謂頭髮的張力是指頭髮拉到極限而致斷裂的力量，健康的毛髮約可承受：（1）0～30公克（2）30～60公克（3）120～180公克（4）300公克 以上。

47.（4）使乾髮變得脆弱、易斷的溫度是：（1）60℃（2）80℃（3）100℃（4）160℃。

48.（2）在溼熱的狀態下，溫度達到幾度時，毛髮的角質蛋白就會開始變化：（1）45℃（2）55℃（3）70℃（4）100℃。

49.（2）下列何者無感覺神經：（1）皮膚（2）毛髮（3）手指（4）嘴唇。

50.（2）（1）不當剪髮（2）染劑（3）編髮（4）吹風 對毛髮具有化學上的傷害。

51.（2）毛髮突出表皮之外的部分稱為：（1）毛頭（2）毛幹（3）毛乳（4）毛根。

52.（3）有「毛髮之母」之稱的是：（1）毛幹（2）毛根（3）毛乳頭（4）根。

53.（1）毛髮的內根鞘來自：（1）表皮細胞（2）真皮細胞（3）神經細胞（4）血管。

54.（4）毛髮的主要成分是：（1）碳水化合物（2）脂肪（3）重金屬（4）蛋白質。

55.（3）淡色的毛髮含有較少的：（1）氧（2）硫（3）碳（4）鋅。

56.（4）頭髮濕潤之後，可被拉長比原長度多：（1）10～20％（2）20～30％（3）30～40％（4）40～50％。

57.（2）亞洲人一根毛髮可支撐的拉力約：（1）0～50公克（2）100～150公克（3）200～250公克（4）300～350公克。

58.（4）毛髮完全脫離毛乳頭是屬於：（1）生長期（2）活躍期（3）

退化期（4）休止期。

59.（1）毛髮退化期約：（1）1～2週（2）2～4週（3）6～8週（4）8～10週。

60.（2）一般人的毛髮總數大約：（1）5萬根（2）10萬根（3）15萬根（4）20萬根。

61.（3）毛髮生長速率平均每平約：（1）0.1～0.2毫米（2）0.2～0.5毫米（3）0.5～0.8毫米（4）0.8～1.0毫米。

62.（3）下例何者有抑制頭髮生長作用：（1）女性荷爾蒙（2）維生素C（3）男性荷爾蒙（4）酸性潤髮劑。

63.（1）退化期的頭髮約占頭髮總量的：（1）1%（2）2%（3）3%（4）4%。

64.（2）要使梳髮順暢，梳頭時應：（1）用力梳刷（2）由髮根向髮梢梳（3）由髮梢向髮根梳（4）用冷風邊梳邊吹。

65.（4）毛髮主要部分是：（1）髓質層（2）表皮層（3）真皮層（4）皮質層。

66.（3）組成毛髮髓質的是：（1）鱗狀細胞（2）棘狀細胞（3）立方細胞（4）顆粒細胞。

67.（2）毛髮皮質細胞內角蛋白屬於：（1）「油」型（2）「硬」型（3）「軟」型（4）「中」型。

68.（1）毛髮的角質蛋白含有：（1）硫（2）鐵（3）銅（4）鋅。

69.（3）波狀髮的橫切面呈：（1）圓型（2）扁平（3）橢圓型（4）三角型。

70.（4）頭皮上的毛髮屬：（1）纖毛髮（2）絨毛（3）短毛髮（4）長毛髮。

71.（3）在於兩頰的毛髮是：（1）短毛髮（2）長毛髮（3）纖毛髮（4）絨毛。

72.（2）毛髮的伸縮特性主要依靠：（1）髓質（2）皮質（3）毛乳

頭（4）毛根。

73.（2）年紀漸長，毛髮的生長週期會：（1）逐漸延長（2）逐漸
縮短（3）與嬰兒期相同（4）持續不變。

74.（1）毛髮的生長速率跟下列何者無關：（1）美髮用品（2）性
別（3）年齡（4）季節變化。

75.（1）毛髮的最外層為：（1）表皮層（2）眞皮層（3）髓質層
（4）皮質層。

76.（1）毛髮直徑在60毫米以下是屬於：（1）細髮（2）一般髮（3）
粗髮（4）多孔性髮。

77.（2）一般髮的直徑在：（1）60毫米以下（2）60～90毫米（3）
90～120毫米；（4）120毫米以上。

78.（3）一平方公分頭髮有220～240根髮量是屬於：（1）低密度
（2）中密度（3）高密度（4）超高密度。

79.（2）低密度髮量一平方公分約有：（1）50～100根（2）120～
130根（3）140～160根（4）220～240根。

80.（4）捲毛型毛髮的外型是扁平，其毛囊在皮膚內呈：（1）直立
狀（2）歪斜狀（3）微彎曲狀（4）彎曲狀。

81.（4）正常的人頭髮約多少比例處於生長期？（1）10％（2）30
％（3）60％（4）90％。

82.（4）正常的毛髮是：（1）長了不再掉（2）掉了不再長（3）只
長不會掉（4）掉了再長。

83.（4）毛髮的橫切面構造是：（1）像是一根吸管，中間空的（2）
像是一根實心的棒子，心外組織相同（3）分爲五層：髓
質、皮質、棘層、顆粒層及角質層（4）分爲三部分：髓
質、皮質及表皮。

84.（2）錯誤的敘述是：（1）每根毛髮的生長期約2～6年（2）毛
髮的退化期很短是1～2年（3）睫毛和眉毛的生長期和休止

期大致等長約為5～6個月（4）一般人的毛髮總數大約10萬根。

85.（3）選出錯誤的觀念：（1）正常健康的頭髮吸水性較差（2）毛髮能吸收水分（3）毛髮上面也有神經，所以有感覺（4）毛髮有彈性和張力。

86.（2）何者不是毛髮的生長週期：（1）生長期（2）營養期（3）退化期（4）休止期。

87.（3）男性荷爾蒙會：（1）刺激體毛和頭髮的生長（2）抑制體毛和頭髮的生長（3）刺激體毛生長抑制頭髮的生長（4）對體毛和頭髮無影響。

88.（1）毛髮上色素粒子在：（1）皮質層（2）髓質層（3）毛表皮層（4）毛根。

89.（3）每個人的頭髮因新陳代謝的關係會掉髮，通常每天約掉：（1）10～20根（2）20～30根（3）50～100根（4）100～200根　是正常的。

四、美髮用品與機具之使用維護

一、是非題

1. （○）燙髮藥水會造成顧客的衣物受損。
2. （○）指甲油中的溶劑及去光水易使指甲脆弱。
3. （✗）鹼性洗髮精能洗淨油膩的污垢，使毛髮亮麗且易於梳理。
   〔弱酸性洗髮精〕
4. （✗）含甲醇之髮麗香，較易固定髮型，且安全又可靠。
   〔含有甲醇之美髮品易導致視神經變化〕
5. （○）含酒精系列的定型液或髮麗香要避免對火源噴霧。
6. （○）美髮用品使用後，若有不良反應要立即停用。
7. （✗）美髮用品若能自行調製，可不必申請工廠登記。
   〔未經工廠登記之產品屬於不合格產品〕
8. （✗）使用髮品用劑無須瞭解髮質即可使用。
   〔應瞭解髮質使用美髮品〕
9. （○）含矽膠之定型液，使用時應避免噴及顧客之眼、口、鼻。
10. （✗）因使用冷燙液或染髮劑而產生過敏性皮膚炎時，可用藥膏
    塗佈。　　　　　　　　　　　　　　　　〔應立即就醫〕
11. （✗）清潔劑可去除污垢，所以可代替洗髮精用。
    〔清潔劑與洗髮精之成份用途不同，所以不可誤用〕
12. （○）儲存美髮品用劑時要正確地詳細看說明和指示，否則易使
    物品失效。
13. （✗）化學用品加水後，物質濃度會減弱，這程序叫混合。
    〔此程序叫稀釋〕

14. （✗）購買髮品用劑，只要是美容院所推銷的，即可防止買到偽
劣品。　　　　　　　〔購買產品應詳閱仿單、標籤是否合格〕

15. （✗）使用美髮用品，若發現顧客有過敏反應時，應立即讓其靜
臥調養。　　　　　　　　　　　　　　　　　〔立即就醫〕

16. （○）若買到品質不良及過期之美髮用品，可持該美髮用品向主
管之衛生單位檢舉。

17. （✗）電推剪只是用來推光頭髮的。
　　　　　　　　　　　　　　　　〔電剪還可運用其它裁剪方法〕

18. （○）電推剪使用完畢後應將推剪刀身清理乾淨，並滴上潤滑油
保養。

19. （○）機齒之疏密、粗細會影響到梳髮的效果。

20. （✗）圍巾應採用棉織品，以免髮絲沾粘衣服或皮膚。
　　　　　　　　　　　　　　　　　　　〔應採不沾毛髮的材質〕

21. （○）使用任何機具前應詳細熟讀它的使用說明。

22. （○）尖尾梳用於挑髮、梳理、燙髮等技術操作。

23. （✗）吊式吹風機使用時髮量愈多，時間愈少溫度愈低。
　　　　　　　　　　　　　〔髮量愈多、時間愈長、溫度愈高〕

24. （○）手持吹風機風口扁平狀主要作用為集中風力。

25. （✗）蒸氣護髮機用於護髮與染髮使用。
　　　　　　　　　　　　　　　　　　〔蒸氣護髮機不適用染髮〕

26. （✗）只要機具良好，並不需熟練的操做技術來配合。
　　　　　　　　　　　　　　　　　　〔應配合熟練的操作技術〕

27. （✗）使用蒸氣護髮機時，不必注意貯水杯的貯水量
　　　　　　　　〔應注意貯水杯的水量，否則易引起機具的故障〕

28. （○）吹風機使用完畢，插頭應取下並將電線收好。

29. （○）使用蒸氣機時，應隨時注意溫度的變化。

30. （○）從業人員用電器最重要的是經常檢查及保養。

31.（╳）使用蒸氣機時不必注意溫度的變化，因它已具有定時器。

〔應隨時注意溫度的變化〕

32.（○）維護梳子的清潔非常重要，許多皮膚病藉由梳子為媒介而傳染的，所以每個客人使用後梳子必須完全消毒。

33.（○）推剪和剃刀適用於鬢角、髮際等短髮操作。

34.（○）機具使用後應妥善的放置與保養。

35.（╳）「工欲善其事，必先利其器」只是古人諺語，並不適用於現代。　　　　〔熟練地使用工具，可提高工作效率〕

36.（╳）一般的機具只要會運用操作，不須去瞭解保養與維護之方法。　　　〔瞭解機具的保養與維護方法可延長使用壽命〕

37.（╳）吹風機進風口受阻，熱度也不會加高。

〔風口受阻，無法散熱，會使熱度愈來愈高〕

38.（○）吹風機如遇馬達不轉時，應立即切斷電源。

39.（╳）美髮機具只要隔天清潔消毒一次即可。

〔使用完後立即消毒〕

40.（╳）電棒熱度的試法用指頭最理想。

〔用剪下的頭髮試溫度〕

41.（○）吹風機或一般電器機具之電源插頭正、負兩極互換時仍可使用。

42.（○）接觸顧客的工具與毛巾應保持整潔，每次使用後應洗淨並經由有效消毒後貯存於清潔櫃內。

43.（╳）剪髮時肩部披上塑膠肩墊，只是為了增加美觀。

〔為了防止髮絲沾到衣服〕

44.（╳）只要有好的產品，即可做良好的髮型梳理。

〔技術與產品應互相配合〕

45.（╳）九排梳多適用於捲髮造型。　〔九排梳適用於直髮造型〕

46.（╳）使用大小不同的圓梳做吹風造型時，不需配合髮長或捲

度。　　　　　　〔髮長或捲度要使用適當尺寸的圓梳〕

47.（✗）髮梳上留有越多頭髮，越能表現出它的吹風功能。

　　　　　　　　　〔髮梳不可留髮絲，以避免接觸傳染〕

48.（○）剪刀使用後應清理乾淨，再放回工具箱。

49.（○）有害的美髮用品和不當技術方式會使毛髮構造受損。

50.（○）使用工具必須知道其材質及保養。

51.（✗）使用工具前不需經過保養、清潔。

　　　　　　　　　　　　　　〔工具使用後應清潔、保養〕

52.（○）為了維護各種機具設備，應具有正確使用的常識。

53.（✗）美髮業應有工具消毒設備，至於毛巾消毒設備可有可無。

　　　　　　　　　　　　　　　　　　　　　　〔都應具備〕

二、選擇題

1.（1）烘乾頭髮時，最適宜的溫度是攝氏：（1）60度以下（2）60
　　度至80度之間（3）80度至100度之間（4）100度以上。

2.（2）使用手持吹風機時，最適宜與頭髮的距離為：（1）5至10公
　　分（2）10至20公分（3）20至30公分（4）30公分以下。

3.（2）燙髮劑引起之過敏反應：（1）只會在頭頸部直接接觸的部
　　位（2）可以引發全身性皮膚過敏症（3）若下次小心操作，
　　就不會再發生（4）極少發生，不必注意。

4.（4）吹風造型前須將瓶罐搖動均勻後，擠壓出泡沫美髮用品是：
　　（1）髮麗香（2）洗髮精（3）髮膠（4）慕絲。

5.（3）除去頭髮或頭皮之污垢，使保持清潔所用的美髮用品稱之
　　為：（1）肥皂（2）清潔劑（3）洗髮精（4）潤絲精。

6.（3）下列哪一項是染髮劑不應有的特性：（1）對毛幹無害（2）

充分染著毛髮（3）用後會掉髮（4）不得失去毛髮光澤。

7.（1）通常罩式烘乾機溫度很少達到：（1）攝氏60度以上（2）攝氏100度以上（3）華氏60度以上（4）華氏100度以下。

8.（4）一般梳子材質可用：（1）玻璃（2）橡皮（3）錫（4）硬塑膠來製造。

9.（1）照射紅外線時為什麼要替顧客戴眼罩：（1）防止強烈的光線直接照射（2）燈的顏色關係（3）習慣問題（4）防熱作用。

10.（1）機具的使用應：（1）經常維護及保養（2）任意使用（3）免保養（4）使用前保養。

11.（1）所謂：「工欲善其事，必先利其器」是指：（1）從業人員瞭解各種機具名稱、結構與保養及使用方法（2）工作時必先考慮到利益（3）不要瞭解（4）瞭解少許。

12.（4）下列對泡沫膠（慕絲）的敘述，何者不正確：（1）在吹風造型前使用（2）使用前要均勻搖動幾下（3）使用後要蓋好瓶蓋口（4）在髮筒吹乾後使用。

13.（2）美髮用品中起泡力及清潔力不佳，但能清除陰離子所產生的靜電，使髮況較佳之界面活性劑是：（1）陰離子（2）陽離子（3）非離子（4）兩性離子。

14.（1）優良的洗髮精是：（1）易洗易沖（2）不易洗易沖（3）易洗不易沖（4）不易洗不易沖。

15.（2）美髮工作者，必須知道酸鹼度（PH值）與各種髮品的關係，所謂中性是指酸鹼度PH值在：（1）3（2）7（3）10（4）10以上。

16.（1）噴霧式的髮膠中所含的酒精成分是為了：（1）溶解膠質，易於發揮（2）增加香味（3）降低成本（4）增加成本。

17.（3）下列對「噴霧定型液」的敘述何者不正確：（1）吹風整髮

後，為了使髮型固定持久而使用（2）使用頻繁，髮質會變性而無光澤（3）能保護頭髮，並產生香味（4）含木精成分時，吸入口鼻會產生神經障礙的危險。

18.（1）選用髮品用劑前應：（1）瞭解使用方法（2）不必瞭解（3）拿來就用（4）用後再瞭解。

19.（4）吹風時較不易吹出層次、線條的髮梳是：（1）九排梳（2）排骨梳（3）圓梳（4）S彎梳。

20.（4）最適於黑人頭的梳子是：（1）小板梳（2）九排梳（3）排骨梳（4）挑梳。

21.（3）以電流開關控制或裝上電流剪髮的工具是：（1）剪刀（2）推剪刀（3）電剪（4）打薄剪。

22.（3）剪髮時可同時剪去長度及薄度的是：（1）手推剪（2）剪刀（3）削刀（4）電剪。

23.（1）最常搭配剪髮時的梳子是：（1）剪髮梳（2）小板梳（3）尖尾梳（4）大板梳。

24.（4）剪髮後最適合清理顧客臉上或頸上髮屑用的是：（1）S彎梳（2）圓梳（3）小板梳（4）長毛刷。

25.（4）冷燙紙應採用：（1）塑膠紙（2）鋁箔紙（3）西卡紙（4）綿紙 為佳。

26.（2）燙髮用捲棒的材質以採用：（1）木質（2）塑膠（3）玻璃（4）金屬。

27.（1）髮油的原料：（1）植物油、礦物油、動物油（2）植物油、沙拉油、動物油（3）乳動物油（4）汽油、植物油、礦物油。

28.（1）冷燙還原劑之乙硫醇酸在水溶液中極易氧化、分解，故貯藏時除應避免與空氣接觸外且必須加：（1）安定劑（2）催化劑（3）氧化劑（4）還原劑。

29.（1）下列何者為洗髮精所引起的化學作用：（1）洗髮精的乳化及懸浮作用（2）洗髮精的價格是否合理（3）洗髮精的外觀包裝（4）洗髮精廣告效果。

30.（2）頭髮烘乾機適用於：（1）直髮（2）鬈曲髮型（3）波浪髮型（4）羽毛剪髮型　定型時使用。

31.（1）顧客使用的圍巾應：（1）乾淨（2）有臭味（3）重複使用（4）都可以。

32.（1）理燙髮用具應：（1）用完即消毒（2）二天消毒（3）三天消毒（4）不必消毒。

33.（4）美髮化裝品應存放於：（1）日光照射處（2）潮濕處（3）陰暗處（4）陰涼通風處。

34.（3）橡皮圈應存放在：（1）濕熱處（2）太陽照射處（3）陰涼處（4）麵粉內。

35.（2）保養頭髮的機具是：（1）吊式吹風（2）蒸氣護髮機（3）烘乾機（4）手持吹風機。

36.（1）捲棒使用完畢：（1）應立即清洗（2）2天清洗一次（3）一星期清洗一次（4）一個月清洗一次。

37.（2）我國的吹風機所採用電壓為：（1）100V（2）110V（3）200V（4）220V。

38.（3）吹直髮型時使用：（1）尖尾梳（2）包頭梳（3）九排梳（4）剪髮梳。

39.（2）梳理前額線條髮型時採用：（1）九排梳（2）排骨梳（3）包頭梳（4）剪髮梳。

40.（1）分髮時可使用：（1）尖尾梳（2）S型梳（3）大齒梳（4）齒形梳。

41.（4）吹風時較不適合當輔助梳使用的是：（1）小板梳（2）刮梳（3）尖尾梳（4）菜刀梳。

42.（1）護髮或染髮時，最常用於塗勻產品的工具是：（1）染髮刷（2）尖尾梳（3）小板梳（4）刮梳。

43.（1）染髮用圍巾宜選用：（1）深色（2）淺色（3）花色（4）白色。

44.（3）染髮操作時不可使用：（1）錫箔紙（2）染髮劑（3）圓爪刷（4）保鮮膜。

45.（1）染髮碗宜選用：（1）塑膠（2）木質（3）玻璃（4）金屬製品。

46.（3）整髮時不適於烘乾頭髮的機具是：（1）大吹風機（2）吹風機（3）蒸氣機（4）手提罩燈。

47.（4）整髮時不適於固定髮捲的是：（1）髮夾（2）小單夾（3）U型夾（4）鯊魚夾。

48.（4）下列中不屬於電熱整髮工具的是：（1）電棒（2）電鉗（3）電捲（4）電磁爐。

49.（2）整髮時在顧客身上披上毛巾的主要目的是：（1）美觀（2）衛生（3）隔絕溫度（4）防止流汗。

50.（1）整髮烘乾前，為固定捲子位置，應圍上：（1）髮網（2）塑膠帽（3）毛巾（4）保鮮膜。

51.（1）上電熱捲前應先將頭髮：（1）完全吹乾（2）吹7～8分乾（3）吹半乾（4）噴濕。

52.（4）刷髮用具宜選擇：（1）尖尾梳（2）針釘梳（3）木板梳（4）動物鬃梳。

53.（1）刷髮的工具：（1）要適時清潔保養消毒（2）只要清潔就好（3）反正客人沒看見（4）在客人面前消毒。

54.（3）下列何者不屬於美髮用品：（1）染髮劑（2）整髮液（3）清潔劑（4）保養油。

55.（2）使用髮膠是為了：（1）保養頭髮（2）固定持久（3）增加

光澤（4）柔軟髮質。

56.（4）良好的定型膠是：（1）快乾（2）不易乾（3）持久性強
（4）不傷皮膚及髮質。

五、洗髮、護髮理論與頭皮部分之處理

一、是非題

1.（○）洗髮精不含潤絲作用應先洗淨再潤絲。

2.（○）長期病患因長久不便洗頭，所以可用乾洗方法洗髮即可。

3.（○）沖髮後應用毛巾包妥頭髮，才讓客人坐起。

4.（×）洗髮時使用的水溫應該50℃。　　　〔38℃～42℃最恰當〕

5.（×）預防頭皮屑必須每天洗髮。

〔每日洗易造成頭皮和頭髮乾燥〕

6.（×）為刺激血液循環，刷髮時愈用力愈好。

〔刷髮動作宜輕柔，以免傷害頭皮〕

7.（×要達成頭髮正常發育與洗髮無關。

〔洗髮可促進血液循環與清潔而達到頭髮正常發育〕

8.（×）國人洗髮喜歡用力、用指甲抓，是為了促進血液循環。

〔洗髮過於用力會抓傷頭皮，應以指腹按摩方式〕

9.（×）酸鹼度愈高的洗髮精愈洗得乾淨，所以洗髮使用酸鹼度高
的洗髮精做好。　　　〔洗髮精的選擇應適合頭髮的性質〕

10.（○）洗髮可分水洗和乾洗兩大類。

11.（○）洗髮除了要洗乾淨外並應考慮顧客的感覺是否舒適。

12.（×）洗髮精的選擇，泡沫越大越好。

〔應選擇泡沫細的洗髮精〕

13.（×）沖水時應由髮梢沖至髮根較為乾淨。

〔應由髮根沖至髮尾較乾淨〕

14.（○）使用兩性離子界面活性劑之洗髮精，雖然起泡力及清潔力

較差但較柔和，較適合嬰兒使用。

15.（○）頭髮和頭皮所產生污垢的程度會因個人的飲食、生活方式、環境而不同。

16.（╳）洗髮時幫顧客圍毛巾不需注意態度。

〔服務過程皆需注意態度〕

17.（○）洗髮時使用毛巾時正確與否，也是衛生行為之一。

18.（○）洗髮最主要目的是洗淨頭髮與頭皮，進而促進髮根發育。

19.（○）濃度太稠的洗髮精不僅不易沖洗，也會導致頭皮屑，使頭髮乾燥。

20.（○）對於頭髮缺乏彈性的顧客，除了注意護髮的工作外，更須教其使用軟毛刷輕梳頭髮，促使頭部血液循環，恢復彈性。

21.（╳）用力梳刷頭髮，可促進頭皮血液循環，使頭髮生長更好。

〔刷髮動作應輕柔〕

22.（╳）幫顧客圍毛巾時，操作者應站在顧客前面。

〔應站於顧客後方〕

23.（○）洗髮後擦拭毛髮時，毛巾不應碰及顧客臉部以免造成不適。

24.（○）美容院洗頭用的毛巾及圍巾應以素色為宜。

25.（○）選擇洗髮用毛巾應以吸水性佳為原則。

26.（○）選用圍巾應以透氣性佳為原則。

27.（╳）洗髮時如客人感覺頭癢，可大力用指尖抓洗頭皮，使客人感覺舒服些。　　〔用指腹洗髮才不會傷害頭皮〕

28.（○）選用微酸性的洗髮精對染過顏色的頭髮較不易傷害髮質。

29.（○）擦乾頭髮時，動作要輕，頭髮打結勿用力拉扯。

30.（○）洗髮前操作者應穿著工作服及戴口罩。

31.（○）洗髮前必須先把頭髮梳開，以便洗髮。

32.（○）洗髮是一種享受，不但可以達到整髮美容的目的，同時可以藉此調劑緊張忙碌的情緒。

33.（○）沖髮時以指腹搓洗耳朵周圍時，蓮蓬頭不可靠近頭皮。

34.（○）沖髮躺椅的椅背上部應比水槽高，並互相靠住。

35.（○）替顧客洗髮時，應肩膀放鬆，挺胸收腹，注意客人頭部。

36.（○）沖水的水溫以顧客的喜好加以調整。

37.（○）洗髮後洗髮精中的一些粒子，仍會殘留在頭髮表面上。

38.（×）油性洗髮劑經過硫酸處理，軟水和硬水皆能達到洗潔效果。　　　　　　　　　　　　　　〔洗髮時以軟水以利清潔〕

39.（×）洗髮時於清水中加檸檬汁會使頭髮變硬。　　　〔會變軟〕

40.（○）按摩的力量要適中，速度要有韻律感。

41.（○）短時間輕輕地的敲打，可促進神經或肌肉之機能。

42.（○）乾性洗髮劑最適於臥病的病人。

43.（×）洗髮後為調整頭髮酸鹼性應擦上髮膠。

　　　　　　　　　　　　　　　　〔應擦髮油以保護頭髮〕

44.（×）頭皮保養的基本方式是每天洗髮。

　　　　　　　　　　　　　　　〔每天洗髮易造成乾燥現象〕

45.（○）附著頭髮的灰塵及污垢可藉著梳刷頭髮除去並提高洗淨效果。

46.（×）不當的刷髮會使毛髮髓質層受到傷害。

　　　　　　　　　　　　　　　　　〔會使表皮層受到傷害〕

47.（○）躺式的洗髮必先用溫水將頭髮沖濕，再用洗髮精才能將頭髮洗淨。

48.（×）潤絲精使用後不必完全洗淨，以利梳理，增加潤髮效果。

　　　　　〔潤絲精使用後必須完全洗淨，以免殘留於毛髮上〕

49.（×）潤絲精的營養成分可達皮質層。

　　　　　　　　　　　　　　〔潤絲精僅在表皮層形成保護膜〕

50.（✗）潤絲精具有防止靜電，但無殺菌作用。

〔潤絲精有防止靜電、殺菌、防止塵埃、調整酸鹼度的作用〕

51.（✗）潤絲精含陰離子活性劑能抑制頭皮屑及頭皮癢。

〔潤絲精不能抑制頭皮屑與頭皮癢〕

52.（○）潤絲精可用於燙髮及染髮後調整頭髮的酸鹼值。

53.（○）潤絲精具有防止塵埃附著效果，利於頭髮梳理的作用。

54.（✗）洗髮只有去除頭皮、灰塵、汗漬的效果，其他沒什麼效用。

〔還有促進血液循環的作用〕

55.（○）洗髮前的刷髮，做得確實，有利洗髮的順利操作。

56.（○）洗髮前刷髮也具有按摩頭皮之效果。

57.（○）客人的衣領，圍巾於沖水時，應置於沖洗台外，以免沾濕。

58.（○）坐式洗髮較易將水、泡沫沾污於客人臉上、頸部。

59.（✗）洗髮時以手心順時針或逆時針方向旋轉起泡沫。

〔應同一方向起泡沫，以免頭髮打結〕

60.（○）乾性髮，頭髮較易乾燥分叉，應經常保養。

61.（○）護髮劑的效果是使頭髮不易打結，增加彈性與光澤。

62.（✗）護髮時，輕輕拍打髮片，讓髮油進入髓質層。

〔髮油無法進入髓質層〕

63.（✗）護髮時拉動髮片，使髮油易被頭髮吸收。

〔護髮時只要將髮油均勻塗抹〕

64.（○）洗髮時按摩頭部，能達到鬆弛筋肉及止癢效果。

65.（○）護髮蒸完頭髮後，應在原位停留2～3分鐘，冷卻使護髮劑完全滲透。

66.（○）潤絲精僅能在表皮層形成保護膜。

67.（○）常以揉撚法、壓迫法、叩打法來按摩肩膀與手臂放鬆肌肉。

68.（○）一般護髮油，只能在頭髮上形成一層保護膜。

69.（✕）護髮後應使用洗髮精，以中和其酸鹼性。

〔護髮後以清水沖淨即可〕

70.（○）毛髮已受損之髮質無法自然恢復原狀。

71.（✕）頭髮稀疏的人，應多擦髮油。

〔過多的髮油，不易做髮型〕

72.（✕）吹風整髮前塗抹髮油，不具保護頭髮作用。

〔髮油具有保護頭髮及隔離熱度作用〕

73.（○）取一束頭髮抓緊，如其逆髮較多者，屬於乾燥髮或損傷髮。

74.（○）頭髮的保養方法除了要勤洗刷外，還要注意攝取足夠的營養。

75.（○）頭髮和頭皮所產生污垢的程度會因個人的環境而不同。

76.（○）在洗完頭髮後擦營養霜，乾裂的頭髮會較柔順。

77.（○）將頭髮塗抹護髮劑加熱10～15分鐘後沖洗，我們稱為護髮。

78.（○）頭髮的保養除了要勤加梳理，慎選洗髮劑外並注重按摩。

79.（✕）油性頭皮於洗髮後，可塗含油脂性營養髮水。

〔不可塗抹含油脂之營養水，以免造成油脂過多而阻塞毛孔及產生脫髮現象〕

80.（✕）電熱帽不適合作護髮加熱用。　　　　　　〔適合〕

81.（✕）電腦紅外線機僅用於護髮，但不適用於燙染髮。〔適用〕

82.（○）護髮油具有防止靜電及滋潤頭髮的作用。

83.（✕）護髮油宜於吹風造型前塗抹，吹風後不可塗抹。

〔吹風後可塗少許髮油，以增加光澤〕

二、選擇題

1.（1）坐式洗髮操作時，裝水起泡用：（1）裝水瓶（2）塑膠杯（3）金屬杯（4）噴水瓶。

2.（1）幫客人繫圍巾：（1）鬆緊適當（2）無所謂（3）隨客人喜好（4）憑感覺。

3.（3）圍在頸上毛巾基於：（1）道德因素（2）安全因素（3）衛生因素（4）金錢因素。

4.（2）洗髮的主要目的，在於：（1）使髮型更容易梳理（2）清潔頭髮及頭皮（3）治療脫髮症（4）使頭皮柔軟。

5.（4）刷髮的目的以下何者為非：（1）驅除頭髮上的灰塵與污垢（2）使頭皮屑浮起（3）刺激血液循環及皮脂腺分泌（4）只為舒服不具任何功效。

6.（4）洗髮的態度何者為正確：（1）吐氣在客人臉上（2）水飛濺到臉上（3）用力拉扯頭髮（4）注意每個洗髮的細節。

7.（4）在顧客洗髮前不該有的動作：（1）圍上毛巾（2）圍上小圍巾（3）刷髮（4）對顧客服飾品頭論足。

8.（2）洗髮時間太短會讓客人覺得馬虎，時間太長又招致客人疲勞厭煩，且傷害髮質，所以洗髮的時間以：（1）3～5（2）10～15（3）25～30（4）30～40分鐘　為最適宜。

9.（1）為客人洗髮時應隨時保持：（1）背部（2）頭部（3）腳部（4）手部　挺直而讓手腕之移動達到洗髮的效果。

10.（1）洗髮沖水時應用：（1）溫水（2）燙水（3）冷水（4）冰水。

11.（4）洗髮的目的以下列哪一種不適當：（1）乾淨（2）促進血液循環（3）舒適（4）美髮師的勸導。

12.（2）洗髮的成功與否決定於：（1）只要洗髮精及技術好，不必

很專心（2）洗髮精好，洗髮技術佳，顧客覺得很舒服（3）洗髮精好，技術馬馬虎虎（4）只要技術好，洗髮精馬馬虎虎。

13.（1）使用洗髮精洗頭跟頭髮的：（1）表皮層（2）皮質層（3）髓質層（4）髮尾　最有關係。

14.（3）爲了促進血液循環洗髮應以：（1）手洗式（2）抓洗器（3）按摩式（4）沒目的亂抓。

15.（3）過度的使用強鹼洗髮精來洗頭髮會使頭髮：（1）更強壯（2）更潤滑（3）更乾燥（4）更柔軟。

16.（1）洗髮前顧客要求刮頭皮應：（1）先查看皮膚是否受傷（2）用尖梳刮乾淨（3）梳要向毛流逆行（4）用指甲抓。

17.（1）油性洗髮精是供：（1）乾燥髮（2）頭髮會出油（3）頭皮會出油（4）髮量多　者用。

18.（2）洗髮時至少要打：（1）一次（2）二次（3）三次（4）四次　泡沫。

19.（2）洗髮時應在：（1）前頭部（2）頂部（3）側部（4）後頭部　起泡沫。

20.（4）（1）地下水（2）河川水（3）自來水（4）蒸餾水　以上何者爲軟水。

21.（1）沖水時應將蓮蓬頭拉：（1）低（2）高（3）上（4）一樣於頭的部位，再打開水龍頭。

22.（4）理想的洗髮溫度爲：（1）23℃～27℃（2）27℃～32℃（3）32℃～37℃（4）38℃～42℃。

23.（2）沖水時應以：（1）指尖（2）指腹（3）手心（4）手刀做N型摩擦。

24.（4）沖水時以：（1）手指（2）手背（3）手肘（4）手腕　內側試溫。

25.（1）（1）洗髮（2）燙髮（3）染髮（4）整髮　是顧客對美髮師能力的第一印象。

26.（3）市面上最常用的洗髮劑：（1）粉末洗髮劑（2）軟膏洗髮劑（3）液體狀洗髮劑（4）自動噴霧洗髮劑。

27.（3）蕊試紙變紅的洗髮劑是：（1）鹼性（2）中性（3）酸性（4）無法測出。

28.（4）洗髮時較容易損傷頭髮的是：（1）洗髮膏（2）洗髮粉（3）洗髮精（4）肥皂。

29.（1）洗髮前的按摩目的，下列何者不恰當：（1）價格（2）提升服務品質（3）鬆弛筋肉與緊張情緒（4）促進血液循環。

30.（4）洗髮前的準備應無：（1）圍毛巾（2）按摩（3）梳開頭髮（4）調整水溫與水壓。

31.（1）最不恰當的洗髮方式是：（1）圓爪刷洗（2）搓洗（3）指腹洗（4）按摩洗。

32.（3）較能使客人消除疲勞並達成清洗功效的洗髮方式是：（1）抓洗（2）圓爪刷洗（3）按摩洗（4）沖洗。

33.（3）以坐式洗髮洗右側髮區時，服務人員應站在顧客的：（1）右側（2）後側（3）左側（4）前面。

34.（2）以坐式洗髮洗中間髮區時，服務人員應站在顧客的：（1）右側（2）後側（3）左側（4）前面。

35.（1）洗刷的方式不宜：（1）全程單手洗（2）雙手同時洗（3）雙手交替洗（4）單手握髮，單手洗。

36.（1）洗髮精使用不當易造成頭髮：（1）脫脂（2）間充物質流失（3）纖維狀蛋白質受損（4）容易梳理。

37.（3）嬰兒用洗髮精含有：（1）陰離子（2）陽離子（3）兩性離子（4）非離子，界面活性劑。

38.（2）下列中可消除陰離子所產生靜電的是：（1）洗髮精（2）護髮油（3）燙髮劑（4）殺菌劑。

39.（1）洗髮沖水時以下何者為非：（1）噴水器的方向以90°垂直頭皮沖洗（2）水注順著頭皮（3）沖水中可拍、搓洗（4）服務人員的氣息勿對著顧客。

40.（1）東方的按摩法起源於：（1）中國（2）日本（3）香港（4）泰國。

41.（2）指壓法是施以：（1）1～2公斤（2）3～5公斤（3）6～7公斤（4）7～9公斤的力量。

42.（4）（1）洗髮精（2）潤絲精（3）一般髮油（4）PPT護髮劑其營養成分可達到皮質層。

43.（4）躺式洗髮用：（1）叩打法（2）振動法（3）壓迫法（4）強擦法　按摩清洗頭髮。

44.（2）患有嚴重頭皮疾病的顧客：（1）要（2）不要（3）可以（4）不一定　為其做美髮服務。

45.（2）含硫磺質的洗髮精適用：（1）乾性頭皮（2）油性頭皮（3）中性頭皮（4）異狀頭皮。

46.（1）洗髮後塗抹潤絲可用：（1）輕擦髮（2）叩打法（3）壓迫法（4）振動法。

47.（4）洗髮沖水時應注意事項，以下何者為非：（1）衣服是否沖濕（2）耳朵是否進水（3）保持適當距離（4）對客人品頭論足。

48.（4）選擇洗髮精的條件，下列何者為非：（1）香味（2）價格（3）適合髮質（4）名牌。

49.（3）消除神經痛和肌肉痙攣最好的方法為：（1）叩打法（2）振動法（3）指壓法（4）揉撚法。

50.（2）油性頭皮在刷髮時，力道應：（1）重（2）輕（3）輕、重

交替（4）隨興。

51.（1）液態乾性洗髮劑是從：（1）石油或苯（2）乙醇系（3）油脂（4）氨水中　提煉而成。

52.（1）洗髮時較不易損害髮質是用：（1）洗髮精（2）清潔劑（3）肥皂（4）沙拉脫。

53.（4）下列何者非洗髮的目的：（1）促進血液循環（2）清除污垢（3）保持頭髮清潔（4）使頭髮保有水分及保護膜。

54.（3）除去頭髮或頭皮之污垢，使保持清潔所用的美髮用品稱之為：（1）肥皂（2）清潔劑（3）洗髮精（4）潤絲精。

55.（4）洗髮時洗的動作：（1）快（2）慢（3）忽快忽慢（4）快、慢適度。

56.（1）最常用的美髮製品是：（1）洗髮劑（2）冷燙劑（3）染髮劑（4）定型劑。

57.（1）洗髮躺椅的椅背上部應比水槽：（1）高（2）低（3）平行（4）隨客人喜好。

58.（1）最適於臥病病人的洗髮劑為：（1）乾性洗髮劑（2）藥性洗髮劑（3）油性洗髮劑（4）酸性洗髮劑。

59.（1）洗髮時，於清水中加醋會使頭髮變：（1）軟（2）硬（3）紅（4）白。

60.（2）選用圍巾應以：（1）保溫性（2）透氣性（3）伸縮性（4）防皺性　者為佳。

61.（4）（1）染髮（2）潤絲（3）燙髮（4）清潔　是保持頭皮健康的基本要素。

62.（3）選用毛巾應以：（1）保溫性（2）透氣性（3）吸水性（4）伸縮性　者為佳。

63.（3）理想洗髮劑的酸鹼度約在：（1）2.8（2）4.5（3）6.5（4）9.5　左右。

64.（3）幫顧客圍毛巾時，操作者應站在顧客：（1）前面（2）側面（3）後面（4）不受限制。

65.（1）目前台灣最常見的洗髮方式為：（1）坐式（2）躺式（3）站式（4）俯式。

66.（1）（1）海藻類（2）維他命E（3）維他命B（4）維他命C 能促進甲狀線分泌，使頭髮光澤。

67.（2）洗髮精的：（1）鹼性劑（2）起泡劑（3）增黏劑（4）添加物 具有使污物與頭髮分離的作用。

68.（1）一般的潤絲精是屬酸性，其pH值（酸鹼度）通常為：（1）2.8～3.5（2）4.8～5.5（3）6.8～7.5（4）10。

69.（2）一般潤絲精是屬於：（1）中性（2）酸性（3）鹼性（4）油性。

70.（3）不可頻頻洗髮的頭皮：（1）中性；（2）油性；（3）乾性；（4）混合性。

71.（4）區別乾性髮質的方法，何者為非：（1）洗後一星期仍不會油膩（2）會出現乾燥的頭皮屑（3）耳後污垢乾性（4）洗後兩天會有油膩的感覺。

72.（4）下列中何者非頭髮保養的方法：（1）給頭皮做按摩（2）正確梳刷頭髮（3）經常護理保養頭髮（4）經常洗頭髮。

73.（4）因化學藥品侵蝕及日曬的原因：（1）瀏海（2）頸背部（3）內部（4）頭頂部 的頭髮較易受損。

74.（2）保護頭髮應避免吃刺激性食物，以下哪一項不是：（1）煙（2）海藻類（3）咖啡（4）辣椒。

75.（3）含有PPT的護髮劑稱：（1）酸性營養護髮劑（2）鹼性營養護髮劑（3）蛋白質營養護髮劑（4）綜合營養劑。

76.（3）針對燙過的毛髮染髮和脫色所引起的多孔性損傷毛髮使用：（1）油性護髮霜（2）水性護髮霜（3）PPT蛋白質營

養護髮劑（4）混合性髮霜。

77.（3）有利於髮質的營養素：（1）醣類（2）碳水化合物（3）蛋白質食物（4）澱粉。

78.（1）有分叉的頭髮在作護髮工作前應先：（1）修剪分叉的頭髮（2）燙髮（3）潤絲（4）加美髮藥劑。

79.（4）日常的護髮是指正確的：（1）洗髮（2）刮髮（3）刷髮（4）洗髮、刷髮　等日常保養。

80.（1）受損髮每星期至少護髮：（1）一次（2）二次（3）三次（4）四次。

81.（3）毛髮受損最嚴重的部位為：（1）髮根（2）髮中（3）髮尾（4）毛乳頭。

82.（1）（1）前頭部（2）內部（3）後頭部（4）頸背部　的毛髮，易受外界影響而受損。

83.（3）防止頭髮分叉應：（1）利用高溫烘乾（2）用力拉梳（3）避免紫外線照射（4）多吃油脂類食物。

84.（3）頭髮分叉的處理方式：（1）刀削法（2）羽毛剪法（3）由分叉點往上剪（4）滑剪　方式加以除去。

85.（1）頭髮受損者保養應選用：（1）護髮油（2）酒精（3）面霜（4）膠水。

86.（3）梳理較乾燥，不滑順之頭髮不應採用的方法是：（1）抹些髮霜（2）抹些毛鱗片（潤髮油）（3）用力梳開（4）用質地較好梳子輕輕梳。

87.（1）將頭髮噴濕後觀查其吸濕情形，如髮上結水珠狀者必屬：（1）油性（2）中性（3）乾性（4）分叉　髮質。

88.（3）為避免打結，刷髮的順序宜：（1）由上而下，由外而內（2）由左而右，由上而下（3）由下而上，由內而外（4）由頂點向外。

89.（4）平日保養的方法是：（1）攝取均衡的營養（2）保持愉快的心情（3）洗頭後在髮尾抹上護髮霜或PPT蛋白質分解，以防分叉（4）以上皆是。

90.（4）下列何者不是頭髮分叉的可能原因？（1）紫外線曝曬（2）整髮或燙髮時過熱的傷害（3）燙髮液的傷害（4）髮油、髮蠟的傷害。

91.（1）處理頭髮分叉的最好方法是：（1）修剪（2）用較好的冷燙液再燙一次（3）擦些護法霜即可（4）只要注意營養。

92.（3）防止頭髮分叉應注意的要點，下列何者不對？（1）不可直接在大太陽下曝曬太久（2）不可手持吹風機在極接近頭髮處長時間烘吹（3）應常用名貴護髮品（4）梳髮時千萬不可用力拉梳。

93.（1）下列何者不含豐富的維生素E：（1）紫菜（2）蔬菜油（3）綠色蔬菜（4）麥芽。

94.（1）預防頭皮屑應：（1）多攝取鹼性食物（2）多吃辣的束西（3）睡眠時間要少（4）用高熱水洗髮。

95.（1）下列中非頭髮護理的方法是：（1）洗髮（2）塗抹保養油（3）拍打頭髮使髮油易滲入（4）蒸氣加溫。

96.（1）纖維狀蛋白質變性的受損髮，其護理方法是：（1）剪掉分叉（2）使用優良洗髮精（3）使用優良潤絲精（4）使用亮油。

97.（2）若剪刀削刀不利易造成頭髮：（1）纖維狀蛋白質受損（2）表皮層剝離（3）間充物質流失（4）脫脂。

98.（3）造成間充物質流失導致頭髮受損的是：（1）營養不均衡（2）睡眠不足（3）燙染不當（4）保養油選用不當。

99.（3）下列非因燙染技術不當導致頭髮受損的是：（1）脫脂（2）間充物質流失（3）表皮層合攏（4）纖維狀蛋白質受損。

100.（4）a.抓洗b.搓洗c.敲洗d.按摩洗e.指腹洗中，屬於洗髮的技術為：（1）a、b、c、d（2）b、c、d、e（3）a、c、d、e（4）a、b、d、e。

101.（1）a.敲打法b.顫動法c.拍打法d.指壓法e.捶打法中，適於頭部按摩的有：（1）a、b、c、d（2）b、c、d、e（3）a、c、d、e（4）a、b、d、e。

102.（4）a.蒸氣護髮機b.蒸氣消毒箱c.電腦紅外線機d.大吹風機e.電熱帽，以上中何種為護髮技術使用的器具：（1）a、b、c（2）b、c、d（3）c、d、e（4）a、c、e。

103.（2）a.洗髮b.整髮c.染髮d.燙髮e.護髮，以上於過程中可使用電腦紅外線機的是：（1）a、b、c、d（2）b、c、d、e（3）a、c、d、e（4）a、b、d、e。

104.（1）a.殺菌b.防止靜電c.防止塵埃附著d.調整燙染後酸鹼度e.促進頭髮生長等功能中，潤絲精具有：（1）a、b、c、d（2）b、c、d、e（3）a、c、d、e（4）a、b、d、e。

六、剪髮理論

一、是非題

1. （○）削刀是由食指與拇指持著刀肩。

2. （○）削刀出現不鋒利的狀況時，應即刻換新刀片，以免傷害髮質。

3. （○）剪刀的樣式很多，可依個人的操作習性與喜好來選購。

4. （×）剪髮時不需要視髮質的狀態來選擇工具。
〔應依髮質選擇適用的工具〕

5. （○）削刀在剪髮技術上可用來去掉髮型上不必要的髮量、長度。

6. （×）要設計出層次精密的髮型不能使用電剪。
〔層次精密的髮型也可使用電剪〕

7. （○）電剪操作時力量必須平均上下左右不能搖動。

8. （○）剪髮時不須考慮頭髮生長方向的問題。
〔順著頭髮生長方向剪髮可使髮型更易整理〕

9. （○）水平線是連接耳點至後部點。

10. （○）無層次剪法是沒有任何角度、沒有任何層次。

11. （×）疏剪法，頭髮乾時剪下髮量較多。
〔頭髮乾時，所剪下的髮量較少〕

12. （○）剪髮時左右兩邊要平均，應以中心分線為佳。

13. （×）疏剪法，頭髮濕時剪下髮量較少。
〔頭髮濕時，剪下的髮量較多〕

14. （×）低層次剪出的效果是上短下長。 〔上長下短〕

15.（○）水平剪法效果是齊長。

16.（○）髮量太多時可用打薄剪處理。

17.（╳）無層次的剪法是提30°～45°。　　　　　　　　　〔0°〕

18.（╳）滑剪可使髮尾產生剛硬效果。　　〔髮尾產生尖銳柔和效果〕

19.（○）剪髮梳以疏齒分線，密齒梳髮片。

20.（╳）水平剪法最長的地方是在黃金點。　　　　　　　〔頭頂點〕

21.（╳）剪髮的髮片厚度每次取5公分最正確。　　　　　〔1～2公分〕

22.（╳）為了減少髮量可用打薄剪不可用普通剪刀。

　　　　　　　　　　　　　　　　　　　　　　〔普通剪刀也可打薄〕

23.（╳）瀏海要中間較長時頭髮拉中間剪。　　　〔應往二旁拉髮片〕

24.（╳）剪髮時要保持每根頭髮同一長度時，應採用水平分線。

　　　　　　　　　　　　　　　　　　　　　　　　　　〔垂直分線〕

25.（○）逆斜線髮型或稱倒V髮型。

26.（╳）倒V髮型只能搭配一字型的瀏海。

　　　　　　　　　　　　　　　　　　　　　　〔可依設計之造型而變化〕

27.（○）剪髮角度降低，層次差距會隨之縮小。

28.（○）剪髮時側面耳前的連接至耳後不可拉得太緊。

29.（╳）推剪的技巧只適用於男子理髮。

　　　　　　　　　　　　　　　　　　　　　　〔女子髮型也可用推剪技巧〕

30.（○）剪髮時應先察看顧客的髮流再行操作。

31.（○）剪髮時把髮束拉往後面，剪出來的效果是前長後短。

32.（○）鋸齒剪法的髮尾比平剪的效果在髮尾較薄。

33.（○）剪髮前先洗頭是正確的。

34.（○）把側部點兩邊的頭髮拉至中心點來剪會呈現倒V形。

35.（○）削刀剪髮型的效果頭髮的髮尾較柔。

36.（○）正斜線剪法，剪後髮流是往後走的。

37.（○）剪髮時可用削刀法，表現出服貼的髮型。

38.（○）倒V分線剪髮的髮流效果是往前走的。

39.（╳）剪髮時持髮的鬆緊度與所成之髮型無關。　　　　〔有關〕

40.（╳）髮型剪出之好壞完全操之於右手。

〔與拉髮片的角度、方向、長度等有關〕

41.（○）剪髮時側中線是由耳點至頂部點。

42.（╳）替顧客剪髮時不一定要有良好姿勢。

〔要有良好的姿勢才能展現專業精神〕

43.（╳）雙面梳剪在鋸齒狀處剪下頭髮，故剪下的髮量較多。

〔較少〕

44.（○）剪髮時，下剪刀的位置常因髮型的影響而改變。

45.（○）剪髮時手指頭必須夾緊頭髮。

46.（╳）使用剪刀時，拇指要插入深緊，這樣剪刀才會拿得穩。

〔拇指不可套入太深，以利手指靈活操作〕

47.（╳）剪髮時只需顧及髮量之多少，不需考慮頭髮生長方向及毛
流。　　　　　　　　　　　　　　　　　〔應都考慮〕

48.（○）剪髮要正確，應該注意持髮角度、剪髮角度及所站的位
置。

49.（╳）單面或雙面疏剪刀，所打薄的髮量相同。

〔單面較多，雙面較少〕

50.（○）疏剪刀有單面疏剪刀和雙面疏剪刀。

51.（○）剪髮時，角度愈大，表示層次距離愈大。

52.（╳）剪髮時剪刀愈大，剪得愈快。

〔剪刀應適合自己，以利操作〕

53.（○）剪髮時，直剪就應橫察，橫剪就應直察。

54.（○）剪髮操作時應先將頭髮梳順再剪。

55.（○）要達到較佳之剪髮效果應使用較鋒利之剪刀。

56.（╳）剪髮時先擦上髮膠效果會更好。　〔剪髮時保持濕潤即可〕

57. （✕）各種剪髮方法，剪刀都須貼著手指剪。

〔視髮型的不同而改變剪刀拿法〕

58. （〇）在齊長的髮型，裡面的重量比外面的重量輕，頭髮會自然的產生內彎。

59. （✕）剪髮之前先有髮型之形象，後有臉型之印象。

〔先有臉型印象後再有髮型之形象〕

60. （✕）剪髮完時，髮流往後，應前長後短。　　　〔前短後長〕

61. （〇）剪髮可以是改變造型的方法之一。

62. （✕）剪髮時不需預先設定引導線即可剪髮。

〔要先有引導線才可剪髮〕

63. （✕）梳剪刀只可打內薄，不能作外薄剪法。

〔內外薄均可使用〕

64. （✕）剪髮用之剪刀不可以用來打薄頭髮。　　　〔可以〕

65. （✕）剪髮時不可以混合不相同剪法。

〔組合不同的剪法會使髮型更富變化〕

66. （✕）髮量太少時，可用打薄來處理。

〔髮量太少不可打薄，但可稍打層次以增加膨度〕

67. （✕）無層次剪髮可產生大層次效果。

〔無層次不可能產生大層次效果〕

68. （✕）因前額毛流較不規則，乾時頭髮會稍為縮短，所以裁剪時，手要用力拉緊髮束。

〔要順著毛流裁剪，且不可拉緊以免回縮得太短〕

69. （✕）水平剪髮常用的定位點是後部點，開始剪。

〔由頸部點開始剪〕

70. （✕）水平剪法效果是上短下長。　　　〔上長下短〕

71. （✕）分邊修剪髮型時，只要配合頭型、臉型來分邊即可。

〔還要配合毛流、髮量等〕

72.（○）剪髮剃髮不會影響毛髮的生長或使其變粗。

73.（○）剪髮展開圖可判斷髮型的層次。

74.（○）剪刀與梳子配合剪髮時，刀身應與梳背齒端平行。

二、選擇題

1.（4）剪瀏海時需站在顧客：（1）左側（2）右側（3）後方（4）前方　的位置。

2.（4）倒V剪法的引導線是：（1）水平線（2）側頭線（3）側中線（4）逆斜線。

3.（1）剪倒V的髮型其分髮係採用：（1）逆斜分線（2）正斜分線（3）縱式分線（4）放射狀分髮。

4.（3）剪髮的主要目的就是：（1）計畫（2）操作（3）造型（4）亮度。

5.（4）下列中不屬於削髮效果的是：（1）減少髮量（2）使髮型更柔順（3）使髮型更立體（4）改善髮質。

6.（4）下列工具中不具減少髮量功能的是：（1）剪刀（2）削刀（3）疏剪刀（4）剪髮梳。

7.（3）適合剪水平髮型的剪刀是：（1）雙齒打薄剪刀（2）單齒打薄剪刀（3）較長的剪刀（4）電剪。

8.（2）剪無層次髮型時食指指端撐著剪刀的支軸，可促使：（1）速度加快（2）控制良好（3）視線清晰（4）辨別導引線。

9.（4）下列中不屬無層次剪髮的是：（1）水平剪髮（2）逆斜剪髮（3）正斜剪髮（4）低層次剪髮。

10.（3）任何髮型的剪髮都需先設定：（1）中心線（2）水平線（3）引導線（4）側中線。

11.（4）基本剪髮時，髮束與剪刀要成：（1）45°（2）60°（3）65°（4）90°。

12.（4）水平齊長的剪髮常用：（1）打薄剪髮（2）層次剪法（3）挑剪法（4）水平剪法　完成剪髮工作。

13.（4）剪髮時決定長度的第一片髮束：（1）分區線（2）水平線（3）垂直線（4）引導線。

14.（1）剪髮時：（1）姿勢正確（2）多看其他髮型（3）左右他顧（4）與顧客笑。

15.（4）齊長髮型常用：（1）薄剪法（2）層剪法（3）挑剪法（4）水平剪法。

16.（4）橫一直線剪法角度0°時會呈現：（1）高層次（2）低層次（3）多層次（4）無層次　髮型。

17.（1）剪一般水平齊長的髮型時，拉髮片的角度是：（1）0°（2）45°（3）90°（4）135°。

18.（3）剪髮所依據的是：（1）整髮理論（2）染髮理論（3）幾何理論（4）三角理論。

19.（1）基本剪髮時分線需與剪髮線成：（1）平行（2）垂直（3）放射（4）斜角　裁剪。

20.（4）無層次剪髮時，起剪的部位大多是：（1）前頭髮際部（2）頭頂髮際部（3）兩側髮際部（4）後頭髮際部。

21.（4）剪髮時要三、七分線是以：（1）側部點（2）中心點（3）頂部點（4）前側點　為標準。

22.（1）使用削刀時得隨時保持頭髮：（1）濕潤（2）乾燥（3）油份（4）垂直。

23.（2）集中挾剪的剪髮，展開的效果是：（1）平齊（2）凸型（3）中心長，左右短（4）中心短，左右長。

24.（2）剪髮時髮片集中，其展開會呈現：（1）中心長，左右短

（2）中心短，左右長（3）平齊（4）凸型。

25.（1）把頭髮往右拉水平剪的髮型會呈現：（1）左長右短（2）左短右長（3）上長下短（4）上短下長。

26.（2）修剪側頭部頭髮的髮片拉到耳後剪的結果是：（1）前短後長（2）前長後短（3）中心較短（4）等長。

27.（3）剪髮時，同等區域的頭髮為維持同一長度最好用：（1）縱持髮（2）垂直髮（3）水平持髮（4）不用持髮。

28.（3）（1）準導線（2）平行線（3）裁剪線（4）垂直線　係指剪刀口與欲剪髮束的切口。

29.（1）剪髮的引導線是在：（1）第一片（2）第二片（3）第三片（4）第四片　之髮束。

30.（3）無層次剪法又稱：（1）小層次剪法（2）大層次剪法（3）一直線剪法（4）中層次剪法。

31.（3）以電流開關控制或裝上電流剪髮的工具是：（1）剪刀（2）推剪刀（3）電剪（4）打薄剪。

32.（3）用削刀切斷頭髮時，為使髮尾較為整齊，所持刀面應：（1）斜置（2）橫置（3）垂直（4）不一定。

33.（3）剪髮時取髮片要：（1）愈厚愈好（2）一把抓（3）適度的薄度（4）愈薄愈好較佳。

34.（4）剪髮決定髮型的層次時拉取頭髮的：（1）長度（2）厚度（3）寬度（4）厚度與角度。

35.（1）剪髮前的準備工作是：（1）確定髮式與長度（2）護髮（3）染髮（4）燙髮。

36.（2）剪水平時，為使頭髮產生內彎：（1）手指外彎（2）手指內彎（3）手指平行（4）手指垂直。

37.（1）持髮角度在水平線下，則剪髮後效果：（1）上長、下短（2）上短、下長（3）髮長相等（4）上下皆短。

38.（3）把剪刀迅速滑動在髮片的剪法是：（1）點剪法（2）直剪法（3）滑剪法（4）挑剪法。

39.（1）用剪刀的尾端，在髮尾剪參差不齊的剪法是：（1）齒剪法（2）點剪法（3）挑剪法（4）滑剪法。

40.（3）手推剪之推動快的原因：（1）手的力量大（2）手腕活動快（3）四指活動（4）顧客動的快。

41.（3）頭部的基準點有：（1）13個（2）14個（3）15個（4）16個

42.（2）頭部15點中的G.P就是：（1）頂點（2）黃金點（3）中心點（4）耳點。

43.（3）頭部15點中的黃金後部間基準點的簡稱是：（1）C.T.M.P（2）T.G.M.P（3）G.B.M.P（4）B.N.M.P。

44.（2）頭部15點中的C.P就是：（1）耳點（2）中心點（3）黃金點（4）後部點。

45.（3）頭部15點中前側點的簡稱是：（1）F.S.P（2）S.P（3）S.C.P（4）E.B.P。

46.（1）頭部15點中的E.P就是：（1）耳點（2）頂部點（3）黃金點（4）中心點。

47.（1）頭部15點中的T.P就是：（1）頂部點（2）中心點（3）黃金點（4）耳點。

48.（3）頭部15點中的B.P就是：（1）中心點（2）黃金點（3）後部點（4）頸部點。

49.（2）頭部15點中的N.P就是：（1）黃金點（2）頸部點（3）中心點（4）耳點。

50.（3）頭部15點中的S.P就是：（1）後部點（2）頸部點（3）側部點（4）頂部點。

51.（1）頭部15點中的S.C.P就是：（1）側角點（2）頸部點（3）前

側點（4）後部點。

52.（4）頭部15點中的E.B.P就是：（1）黃金點（2）後部點（3）耳
點（4）耳後點。

53.（3）頭部15點中的N.S.P就是：（1）項部點（2）後部點（3）頸
側點（4）頂部點。

54.（3）頭部15點中的C.T.M.P就是：（1）側部點（2）頂部點（3）
中心頂部間基準點（4）前側點。

55.（2）頭部15點中的T.G.M.P就是：（1）中心頂部間基準點（2）
頂部黃金間基準點（3）黃金後部間基準點（4）後部頸間
基準點。

56.（4）頭部15點中的B.N.M.P就是：（1）中心頂部間基準點（2）
頂部黃金間基準點（3）黃金後部間基準點（4）後部頸間
基準點。

57.（3）頭部七條基準線中正中線與側中線垂直的接點是：（1）中
心點（2）黃金點（3）頂點（4）腦後點。

58.（2）頭部七條基準線中的側中線，其中心點為：（1）鼻（2）
耳點（3）黃金點（4）頸側點。

59.（3）頭部七條基準線中以鼻為中心作整個頭部的垂直線是：（1）
水平線（2）側中線（3）正中線（4）側頭線。

60.（2）頭部七條基準線中以耳點為中心作的垂直線是：（1）水平
線（2）側中線（3）正中線（4）臉際線。

61.（1）剪左右對稱的髮型宜採用：（1）中心分線（2）水平分線
（3）側面分線（4）側頭分線。

62.（4）頭部七條基準線中，左側側角點連至右側側角點的是：（1）
正中線（2）側中線（3）側頭線（4）臉際線。

63.（4）頭部七條基準線中，左頸側點連至右頸側點的是：（1）臉
際線（2）側頭線（3）頸側線（4）後頸線。

64.（2）頭部七條基準線中，側頭線是：（1）較耳點稍高的水平線（2）前側點至側中線（3）左側點至右頸側點（4）耳點至頸側點。

65.（2）頭部七條基準線中，耳點與頸側點的連線是：（1）臉際線（2）頸側線（3）側頭線（4）側中線。

66.（4）剪髮時，五五分線的起點是：（1）黃金點（2）後部點（3）側部點（4）中心點。

67.（4）剪髮時頭部的基準線有：（1）3（2）5（3）6（4）7條。

68.（2）剪髮要有前後之分時以：（1）水平線（2）側中線（3）中心線（4）頂側線　為基準。

69.（1）連接前側點與側中線的垂直交接點的連線是：（1）側頭線（2）頸側線（3）臉際線（4）頸後線。

70.（1）左側的側角點至右側的側角點稱為：（1）臉際線（2）後頸線（3）頸側線（4）側頭線。

71.（2）（1）正中線（2）側中線（3）水平線（4）側頭線　是頭部七條基準線中以耳點為中心。

72.（3）正中線與側中線垂直交接的點是：（1）中心點（2）黃金點（3）頂點（4）後部點。

七、燙髮理論

一、是非題

1. （✗）冷燙還原劑中和後，呈現中性結果。　　〔呈現酸性結果〕

2. （✗）用氧化劑後，沖水時，用較熱的水有助頭髮之收斂。

〔溫度太高造成頭髮無法收斂〕

3. （○）酸鹼度低的冷燙劑滲透速度慢，若加溫可使用冷燙所需的時間縮短。

4. （✗）強鹼性的冷燙劑能讓日曬或染過而損傷的頭髮，燙後效果更佳。　　　　　　　　　　〔會再度傷害〕

5. （○）冷燙時，最主要是重建毛髮纖維之分子鍵，並固定於新的分子上。

6. （○）冷燙時，必須先將頭髮角蛋白鍵破壞，方能進一步改變曲度。

7. （○）冷燙被喜愛的原因之一是沒有電燙及熱燙的危險性。

8. （✗）只要顧客喜歡，燙髮完成即可進行染髮。

〔燙後最少一週才可染髮〕

9. （○）冷燙之水捲法，通常使用於易鬈之乾燥或染過之頭髮。

10. （✗）當發覺使用還原劑，頭髮已太捲，可以不用氧化劑藥水，以免更鬈。　〔還原劑與氧化劑皆需使用以達到酸鹼平衡〕

11. （✗）燙髮時每一髮束可以不分厚薄、大小，只要能捲上就可以。　　　　　　　　　　〔髮束應以捲棒之直徑為厚度〕

12. （✗）燙髮上捲子時，每一髮束所拉的角度與頭型無關。

〔上捲時應以髮型效果來拉取髮片〕

13.（○）不論髮質如何，頭髮吸收冷燙劑的程度與其吸水性無關。

14.（╳）頭髮之表皮層合攏時，較易吸收冷燙劑。

〔表皮層張開較易吸收冷燙液〕

15.（╳）若粗髮、細髮的吸水性相同時，細髮比粗髮不容易被冷燙劑滲透。 〔細髮較易被冷燙液滲透〕

16.（○）若頭髮沒有彈性，則燙髮較不易成型。

17.（╳）殘存於頭髮上的洗髮精，不影響冷燙液的效果。

〔會影響〕

18.（╳）鹼性冷燙液，為達到其效果，其pH值愈強愈好。

〔pH值愈溫和愈好〕

19.（○）冷燙氧化劑的氧化進行不完全時，頭髮的彈性不佳。

20.（╳）冷燙液不怕空氣和熱，故用剩的倒回容器以後再用。

〔剩餘冷燙液易氧化，應不可再使用〕

21.（╳）冷燙液的還原劑不會傷害到客人的皮膚。

〔會造成皮膚過敏〕

22.（○）燙髮時氧化劑的主要作用是使膨脹的頭髮固定結合。

23.（╳）燙髮時決定捲子的大小與髮質無關，與長度有關。

〔有關〕

24.（╳）燙髮時氧化劑使用後，一定要戴上帽子，頭髮才容易鬈曲。 〔燙髮時氧化劑的使用不需要戴帽子〕

25.（╳）頭髮燙完後，拆下捲子時，必須用力拉，才是最適當的方法。 〔不可用力拉，以免破壞捲度〕

26.（○）燙髮需在頭皮和頭髮最健康的狀態才能進行。

27.（╳）美髮從業人員對顧客進行冷鬈時，不用髮質診斷及分析即可燙髮。 〔應先分析髮質再燙髮〕

28.（○）頭髮的粗細、密度、彈性、多孔性，以及是否常染燙頭髮，都是冷燙必須考慮的因素。

29. （○）冷燙前頭髮如有油污、灰塵，會影響頭髮對冷燙液的吸收。

30. （○）頭髮受損而呈多孔性時，吸濕力較快，容易鬈曲。

31. （○）燙髮上捲子時，每一髮束應從髮根至髮尾梳順，才可以上捲子。

32. （○）燙髮上捲子時，兩手的力量必須平均。

33. （○）燙髮時所用捲子的大小，完全視髮質、頭髮密度、髮型而決定。

34. （╳）燙髮上捲子時橡皮筋只要把它套上，就可以了，不必考慮其它。　　　　　　　　　　　　　〔橡皮筋應內鬆外緊〕

35. （╳）燙髮時只使用還原劑，使頭髮鬈曲就可以了。

　　　　　　　　　　　　　　　　〔還需要氧化劑以固定捲度〕

36. （○）光澤、亮麗、吸溼力正常的髮質，燙髮時應選擇酸鹼適宜的藥水。

37. （○）粗大及油性髮質，應選用鹼性較強的燙髮劑且適度的延長時間，才能使藥水滲入頭髮內部。

38. （╳）燙髮後毛髮受損是因藥水的關係與美髮從業人員的技術無關。　　　　　　　　〔藥水的選擇與技術息息相關〕

39. （○）標準冷燙時其底盤與捲子的直徑相等。

40. （○）上捲棒時取角度為130°之目的是為增加髮根之蓬鬆及重感。

41. （○）冷燙紙的包法，有直式包法與橫式包法。

42. （○）標準冷燙操作兩手力量要平均，髮尾要展開，不可重疊。

43. （╳）冷燙還原劑塗抹後最佳放置時間為30～40分鐘。

　　　　　　　　　　　　　　　　　　　　　　　　〔10～20分〕

44. （○）一般受損的髮質，應該選用較溫和的藥水。

45. （╳）捲棒越大，底盤就越薄。　　　　　　〔底盤就越厚〕

46. （○）頭髮分區的形狀及大小往往影響冷燙後的效果。

47. （○）冷燙的分區，可視頭髮的長短、性質、頭型、髮型而定。

48. （╳）燙髮與染髮之時間，最好隔24小時。　　　〔相隔一週〕

49. （○）冷燙時的試捲目的在觀察頭髮鬈曲程度，以免造成鬈曲的偏差。

50. （○）冷燙液的還原劑通常放置頭髮上的時間約需10～20分鐘。

51. （╳）品質低劣的冷燙藥水只會傷害毛髮，對皮膚並沒有影響。
　　　　　　　　　　　　〔除了毛髮傷害也會對皮膚造成敏感〕

52. （○）冷燙捲髮時，橡皮圈使用不當會使頭髮斷裂。

53. （○）冷燙捲棒的大小可以決定頭髮波紋的效果。

54. （○）太厚的底盤，不僅讓捲子無法捲到髮根，也會使排列造成過大的空隙。

55. （╳）試捲時，只須試一捲就可以知道是否有鬈度。
　　　　　　　　　　　　　　　　　　　〔應各區試一捲〕

56. （╳）燙髮時吸濕比較優良的髮質，在還原過程中比較不容易鬈曲。　　　　　　　　　　　　　　　　　　　〔較易鬈曲〕

57. （╳）室內溫度越高，冷燙時間愈長。　　　〔時間愈短〕

58. （○）正常髮質冷燙時不需使用任何熱源，可在室溫下進行。

59. （╳）冷燙前的洗髮精，儘量選用油性的洗髮精。
　　　　　　　　　　　　〔應選用深層洗髮精以清潔污垢〕

60. （╳）對於多孔毛髮，可用塗藥捲法進行燙髮。　〔使用水捲法〕

61. （○）頭髮之蛋白質結合時，頭髮就呈現活性。

62. （╳）水捲法適用於粗硬的髮質。　　　　　　　〔藥捲法〕

63. （╳）冷鬈捲棒取髮角度90°之目的，是使頭髮服貼的作用。
　　　　　　　　　　　〔45°是使頭髮服貼，90°是使頭髮蓬鬆〕

64. （○）捲子的排列應分配適當，以求整體美效果。

65. （○）冷燙底盤如果太厚，則捲出的髮捲無法緊密排列，燙後的

鬈度較差。

66.（○）在冷燙捲髮中若有短髮，應用尖尾梳勾入，平穩捲至頭皮處。

67.（○）冷燙中的護髮捲髮不適合粗硬髮質使用。

68.（×）一般多孔性髮質，比較不容易鬈曲。　　〔比較容易鬈曲〕

69.（○）冷燙操作時，髮片必須梳直挾緊，方能達其理想之鬈度。

70.（×）燙髮時，鬈曲度要小，應選直徑大的捲棒。

〔應選直徑小的捲棒〕

71.（×）冷燙時可使用髮叉挑起頭髮，而不致有橡皮圈的痕跡。

〔橡皮筋應內鬆外緊，如以髮叉挑起頭髮，

靠近髮根的橡皮筋才不致於壓斷頭髮〕

72.（×）冷燙時橡皮圈掛法，靠近髮根處應掛緊以避免頭髮鬆掉。

〔靠髮根應較鬆〕

73.（○）為使燙後頭髮膨鬆，冷燙時取髮角度應提高。

74.（○）冷燙前洗髮，沖洗時要確實將洗髮劑洗乾淨，以免殘留在頭髮上。

75.（○）冷燙前的洗髮，應用指腹輕輕按摩，以不刺激頭皮為原則。

76.（○）燙髮前如必須先上藥水應視髮質分區分層均勻塗抹。

77.（○）燙髮剛完成時，不要拉直頭髮，否則會使捲度變弱及不持久。

78.（×）冷燙液pH值愈高，毛髮愈易捲，故應pH值10以上之冷燙液才能快速達成。　　〔pH值約7.5～9呈弱鹼性較適合〕

79.（○）不用電氣及熱氣而使用藥水及藥劑使頭髮呈鬈曲之方式，稱為冷燙。

80.（×）冷燙分區並無任何好處，只是浪費時間。

〔分區可加速操作時間以達到正確效果〕

81.（○）燙髮時，捲子的大小，應視髮型之鬈曲需要選用。

82.（✗）燙髮是一種物理作用的方法。

〔燙髮是化學與物理作用的方法〕

83.（✗）剛染色或褪色的頭髮，應立即燙髮，否則不易鬈曲。

〔如立即燙髮會產生褪色的情形且更傷害髮質〕

84.（✗）燙髮通常會造成頭髮受損，所以燙髮前最好先用潤絲精沖
洗以保護髮質。

〔燙前不可使用潤絲精，否則隔絕藥水的吸收而不易鬈曲〕

85.（✗）燙髮時，塗抹還原劑在頭皮上，髮根更容易捲。

〔還原劑不可塗抹於頭皮以免傷害〕

86.（○）冷燙時塗抹氧化劑後，可以不用戴塑膠帽。

87.（✗）冷燙與漂染之時間，最好相隔一天。　　〔相隔一週〕

88.（✗）嚴重的病髮，不須經過任何處理、燙後效果更佳。

〔應剪掉再護髮，燙髮的效果會較佳〕

89.（○）燙後的頭髮，為使造型更理想，可稍為修剪。

90.（○）疊磚式排列，燙後效果分布較均勻。

91.（✗）冷燙劑的氧化劑可當護髮劑使用。

〔氧化劑沒有護髮作用〕

92.（○）疊磚式燙髮排列，屬不分區燙髮。

93.（○）冷燙液使用不當也會侵蝕皮膚。

94.（○）燙髮時應先將燙髮用具備妥，再進行燙髮，以便提高效
率。

95.（○）為配合造型需要，可局部不燙，如瀏海、髮際邊緣。

96.（✗）燙髮用標準捲棒的顏色，只能達到美觀的效果。

〔顏色用於區別大小捲棒直徑〕

97.（○）燙髮時選擇捲棒的大小、長短，與髮型、髮長及所需的捲
度有關。

98.（╳）標準式捲棒只能用於標準燙髮，不適於其它設計燙。

〔可做任何變化〕

99.（╳）重複燙髮及染髮會造成吸濕力差的毛髮。

〔會造成吸濕力強的毛髮〕

100.（╳）燙髮可增加髮量，影響髮型長短及外觀。

〔燙後會使毛髮膨脹，並不能增加髮量〕

101.（○）燙髮可控制太剛直，不易梳理或太蓬鬆的頭髮。

102.（╳）扇形燙與標準燙髮是初學者必備的技術與實際燙髮無

關。 〔實際燙髮也會運用標準燙與扇形燙〕

103.（╳）多孔性的髮質與燙髮效果並無關係。

〔多孔性的髮質較乾燥無光澤，所以與燙髮後效果有關〕

104.（╳）頭髮經冷燙後，應使用鹼性潤髮劑加以中和。

〔應使用酸性潤髮劑中和〕

105.（╳）冷燙時氧化劑的用量必須比還原劑的用量少。

〔二劑用量相等〕

106.（○）燙後的頭髮，為使造型更理想，可稍為修剪。

107.（╳）標準燙髮的分區是依選用捲棒大小而定，至於區域的大

小可隨意決定。 〔區域大小依捲棒長度決定〕

108.（╳）標準燙髮的大小不一，並不會破壞預定之捲度。

〔大小不一定會使捲度不均勻〕

109.（╳）燙髮紙張大小可自由裁剪，它不會影響上捲速度及效

果。 〔會影響〕

110.（○）燙髮時紙張太乾時，應適量噴濕才能達到更好的捲度。

111.（○）燙髮時橡皮圈的大小，要選用適中，太鬆或太緊的應避

免。

112.（○）不可使用金屬容器或工具做為燙髮輔助器具。

113.（╳）燙髮上藥劑時以棉條包圍髮際，是一種浪費成本的方

法。　　　　　　　　　　　　〔棉條是避免藥劑流下〕

114.（○）燙髮上藥劑，前於髮際處塗上護膚產品是保護肌膚的最佳方法。

115.（○）燙髮時爲減少藥劑對皮膚的傷害，應隨時更換圍繞髮際濕的棉條或毛巾。

116.（✕）燙髮前做拉力測試，拉力強且不易斷裂是屬於常燙髮。

　　　　　　　　　　　　　　〔常燙髮的髮質易拉斷〕

117.（○）燙髮時捲髮前是否上藥水，完全依髮質來決定。

118.（✕）燙髮時室溫高低，燙髮與捲度或型無關。　　　〔有關〕

119.（○）冷燙之還原劑接觸空氣的時間愈久，會降低燙髮效果。

120.（✕）冷燙後剩餘的藥劑可留著以後再使用。

　　　　　　　　〔冷燙藥劑接觸空氣易氧化，應不可再使用〕

121.（○）燙髮藥水會造成顧客的衣物受損。

122.（✕）燙髮第一區長、寬與捲棒等長。　　〔應去齒同寬8分滿〕

123.（✕）燙髮分區時，分線不必清晰，大略即可。

　　　　　　　　　　　　　　〔應清楚正確，以利上捲〕

124.（○）燙髮時取髮角度，要配合捲棒直徑大小。

125.（○）頭部、臉部、頰部等地方有腫痛，不可進行燙髮。

126.（○）使用燙髮劑若不慎濺及眼睛，應以大量清水沖洗後送醫處理。

127.（✕）燙髮劑可用來燙睫毛。　〔不可以燙睫毛，以免眼睛受傷〕

二、選擇題

1.（4）二硫化鍵對哪一項抵抗力薄弱：（1）酒精（2）水（3）鹽類（4）鹼類。

2.（3）促使頭髮表皮鱗片張開的是：（1）鹼性低溫（2）酸性低溫

（3）鹼性高溫（4）酸性高溫。

3.（4）頭髮之吸水性不受：（1）氣候（2）染髮劑（3）顧客健康狀況（4）頭髮顏色　的影響。

4.（3）頭髮表皮層愈合攏，其吸水性：（1）良好（2）適中（3）差（4）大。

5.（1）吸水性愈大的頭髮，應選用：（1）溫和性（2）強酸性（3）強鹼性（4）熱燙液　的燙髮劑。

6.（3）冷燙前不必做哪一項分析：（1）頭皮狀況（2）頭髮的密度、長度（3）頭髮的顏色（4）髮質的情況。

7.（1）燙髮時挑髮片用：（1）尖尾梳（2）大關刀梳（3）剪髮梳（4）圓筒梳。

8.（3）頭髮的吸水性之測驗常較不須使用哪一部分：（1）前額（2）耳前（3）耳後（4）頭頂　的頭髮做試驗。

9.（2）什麼因素不影響燙髮時間：（1）冷燙液的強度（2）冷燙液的顏色（3）顧客之體熱（4）美髮師之操作速度。

10.（2）燙髮時每一髮束的髮尾處理必須：（1）呈三角形（2）平均分散（3）梯形（4）呈圓形。

11.（1）燙髮時頭頂部分若要膨鬆髮效果，所持角度：（1）120°以上（2）120°～90°（3）90°～60°（4）60°以下。

12.（3）燙髮前先上還原劑後才上捲子：（1）一定需要（2）不需要（3）視髮質而決定（4）依客人的意思。

13.（2）燙髮時橡皮筋的套法必須：（1）固定而接觸髮根（2）固定而不接觸髮根（3）不固定而接觸髮根兩邊（4）隨意掛上。

14.（2）燙髮時，當上完氧化劑後：（1）蓋上帽子（2）不必蓋帽子（3）依髮型而決定（4）依客人的意思。

15.（2）燙完頭髮將捲子拆下以後：（1）可用洗髮精（2）宜用潤

（4）護髮。

43.（3）介於還原劑與氧化劑之間的冷燙過程稱：（1）拆捲（2）護髮（3）中間沖洗（4）洗髮。

44.（2）冷燙時，若以不同角度捲入，其所產生的捲度：（1）相同（2）不同（3）無關（4）沒有影響。

45.（2）冷燙用之捲子排列與燙後成型：（1）無關；（2）有關；（3）沒有大的差別；（4）二者不可混為一談。

46.（3）對於多次燙髮後的髮質，其洗髮精選擇應：（1）鹼性（2）弱鹼性（3）弱酸性（4）酸性　洗髮精。

47.（1）冷燙時使用蒸氣易造成頭髮過度膨脹，燙後頭髮表面鱗片：（1）無法完全收斂密合（2）不影響（3）使頭髮光澤柔軟（4）使鬈度持久。

48.（1）冷燙中何者具有保護髮尾，並使藥水滲透的均勻：（1）冷燙紙（2）橡皮圈（3）捲棒（4）噴水器。

49.（3）還原劑時間到達時，不使藥劑停留在髮上太久，可使用：（1）試捲（2）上氧化劑（3）中間沖水（4）洗髮。

50.（1）利用捲棒將頭髮捲於棒上之動作可使頭髮暫時鬈曲的作用稱：（1）物理作用（2）化學作用（3）氧化作用（4）中和作用。

51.（2）頭髮先用護髮再燙髮的過程是針對何種髮質：（1）油性髮（2）乾燥損傷髮（3）粗大髮（4）正常髮。

52.（3）冷燙時捲髮力量不均易造成何種現象？：（1）頭髮斷裂（2）失去光澤（3）波紋不平均（4）沒有影響。

53.（1）冷燙時中間沖洗完畢後可使用：（1）氧化劑（2）還原劑（3）冷水（4）溫水。

54.（3）冷燙時分區的目的：（1）美觀（2）顧客要求（3）操作方便（4）沒有影響。

55.（3）燙髮時使用還原劑前在髮際線應圍上一層：（1）化妝紙
　　（2）紗布（3）棉條（4）布。

56.（2）燙髮時，頭髮表皮層鱗片張開，所需時間：（1）較長（2）
　　較短（3）不限時（4）可限時。

57.（2）冷燙之標準分區法，每區寬度應：（1）大於捲子長度（2）
　　略小於捲子長度（3）長短無關（4）大於二倍。

58.（4）冷燙劑應放置於：（1）陽光足（2）潮濕（3）冰箱（4）
　　陰乾　的地方。

59.（4）對於分叉髮宜先行：（1）整髮（2）吹髮（3）染髮（4）
　　剪髮　再進行燙髮，以免使頭髮呈乾燥現象。

60.（2）冷燙時在側頭部分線最常使用的底盤是：（1）多角型底盤
　　（2）三角型底盤（3）圓型底盤（4）多層底盤。

61.（3）若要觀察燙髮中頭髮捲曲的程度可使用：（1）護髮劑（2）
　　上第二劑（3）試捲（4）檢查表面頭髮。

62.（1）削髮與剪髮進行燙髮時，削髮較：（1）易鬈（2）一樣（3）
　　不一樣（4）無影響。

63.（4）燙髮時試捲的目的在觀察：（1）髮質（2）髮色（3）髮量
　　（4）波浪大小。

64.（3）燙後沖水時水壓應：（1）太強（2）太弱（3）適中（4）
　　不影響　才不致改變鬈度。

65.（2）燙鬈的頭髮，經常吹直會：（1）光澤（2）傷害（3）漂亮
　　（4）不影響　髮質。

66.（4）服貼捲髮時，低角度橡皮圈掛法為：（1）150°（2）120
　　°　（3）90°（4）60°　以下。

67.（1）燙後發現漏鬈時：（1）再行補燙（2）不予理會（3）不影
　　響（4）剪掉。

68.（1）燙後容易變直的頭髮，應選擇pH值：（1）較高（2）較低

（3）不影響（4）中性　的冷燙液，時間予以延長。

69.（4）冷燙與漂染之時間最好相隔：（1）一天（2）二天（3）三天（4）七天。

70.（1）（1）先塗藥捲法（2）水捲法（3）塗藥捲法（4）護捲法　適用於抗拒性難燙之頭髮。

71.（3）燙髮時鬢角的取髮角度採用：（1）提高捲（2）扭轉捲（3）服貼捲（4）逆向捲。

72.（4）為防止橡皮圈壓到髮根可使用：（1）冷燙紙（2）髮膠（3）髮夾（4）插銷　挑起橡皮筋。

73.（1）冷燙時挑起的髮片愈薄其捲數：（1）越多（2）越少（3）一樣多（4）不影響。

74.（1）標準燙髮時會影響髮尾捲度效果不佳的原因是：（1）髮尾過度集中（2）髮尾平順捲緊（3）張力均衡（4）拉力均衡。

75.（1）燙髮時頭髮保持pH值的陰陽離子應：（1）相等（2）不相等（3）相斥（4）不結合　才最適合。

76.（3）彈性佳的頭髮通常維持燙後良好效果時間會：（1）較短（2）適中（3）較長（4）差別不大。

77.（3）冷燙時塗藥程序及方法可依：（1）髮色與髮質（2）髮色與髮長（3）髮質與髮長（4）髮量與髮色　而設定。

78.（4）燙髮時一般中間沖水的水溫保持以：（1）23～27℃（2）28～32℃（3）33～37℃（4）38～42℃。

79.（3）燙髮中間沖水時間應為：（1）沖濕即可（2）1～2分鐘（3）3～5分鐘（4）時間不限。

80.（4）下列各項中不會造成燙髮不捲的原因是：（1）髮質（2）燙髮藥劑（3）燙髮技術（4）價格。

81.（2）燙髮時每束頭髮應：（1）髮尾梳順即可（2）髮根至髮尾

均應梳理暢順（3）髮根梳順（4）拿起頭髮就捲即可燙出有光擇的頭髮。

82.（4）冷燙時髮尾未捲緊，易造成：（1）過鬆（2）不影響（3）適中（4）不捲。

83.（1）不用分區的燙髮有：（1）疊磚燙（2）雨傘燙（3）標準燙（4）辮子燙。

84.（1）燙髮：（1）3天後（2）5天後（3）7天後（4）馬上　可染髮。

85.（3）燙髮須在：（1）頭皮有發炎（2）脫毛症（3）頭皮和頭髮最健康時（4）脆髮　才能進行。

86.（2）下列何者為非：（1）燙髮前要清洗頭髮勿抓傷頭皮（2）燙前塗上毛鱗片較不傷髮質而易捲（3）燙髮上氣化劑不需戴帽子（4）燙髮前髮緣四周可塗凡士林保護皮膚。

87.（2）冷燙液如果讓鐵質或塵埃掉入時會變成：（1）金黃色（2）紅色（3）乳白色（4）黑色。

88.（3）燙髮藥水稀釋的作用是適應：（1）正常性髮質（2）加強捲度（3）受損或漂染過的髮質（4）較粗硬的髮質。

89.（4）稀釋燙髮藥水時最好使用：（1）自來水（2）冰水（3）熱水（4）蒸餾水。

90.（4）（1）增加體積（2）增加蓬鬆（3）創造焦點（4）破壞髮質　並不是燙捲頭髮的目的。

91.（2）燙髮捲度越捲髮色會：（1）較深（2）較淺（3）深淺交錯（4）仍不變。

92.（1）燙髮是利用酸、鹼兩種藥水的：（1）化學作用（2）物理作用（3）光熱作用（4）加壓作用　而達到捲曲效果。

93.（2）燙髮劑引起的過敏反應：（1）只會在頭頂部直接接觸的部位出現（2）會引發全身性皮膚過敏症（3）若下次小心操

作，就不會再發生（4）極少發生，不必擔心。

94.（1）燙髮時橡皮圈的套法應是：（1）內鬆外緊（2）內緊外鬆（3）上鬆下緊（4）下鬆上緊。

95.（2）燙髮時標準式分區的兩前側與臉部髮緣線呈：（1）相交（2）平行（3）垂直（4）重疊。

96.（1）標準燙髮A區的捲髮角度是：（1）120°～90°（2）90°～60°（3）60°～30°（4）30°以下。

97.（2）標準燙髮B區的捲髮角度是：（1）120°～90°（2）90°～60°（3）60°～30°（4）30°以下。

98.（4）標準燙髮C區的捲髮角度是：（1）120°以上（2）120°～90°（3）90°～60°（4）60°以下。

八、染髮理論

一、是非題

1. （✕）染髮用手套可保護手部，選擇時以棉織透氣材料為主。

〔應選擇橡膠手套以隔絕染劑〕

2. （✕）染髮用圍巾以毛料為主，顏色以深色為主。

〔以不沾色易清洗之深色圍巾〕

3. （✕）調染劑用器皿採金屬製品，以免產生化學反應。

〔應採用塑膠或玻璃製品〕

4. （✕）由頭髮本色除去自然色素，稱之為配色。　〔稱之為褪色〕

5. （✕）半永久性染髮劑，不需要用苯胺染劑。

〔半永久性染劑為苯胺染劑〕

6. （○）經過褪色的頭髮，必須特別小心，否則容易傷害頭髮，嚴重者會斷髮。

7. （○）染髮之前必須做染劑之皮膚試驗，若發現有紅腫、燒、癢、痛之感覺則不可染髮。

8. （○）噴霧染髮劑，應屬於暫時性染髮劑，通常於洗髮後便褪色。

9. （✕）染髮之後，可以立即燙髮，應該不受影響。

〔應先燙再染且隔一週以上〕

10. （○）燙髮與染髮，時間應相隔一星期以上。

11. （○）彩色染髮必須漂色，再進行染色。

12. （✕）東方人的膚色接近黃色，較適合染淡色的髮色。

〔較適合深褐色〕

13.（✕）彩色染髮時應先從毛根處近皮膚先染。　　〔由髮尾先染〕

14.（✕）白髮染成黑色或彩色染前均不須分區。

〔事先分區、以利操作〕

15.（○）頭髮經常漂染，易造成多孔性，並使頭髮失去光澤。

16.（○）染髮後，經過二十分鐘，即會使毛髮著色。

17.（✕）白頭髮染成黑色，其染髮程序先行分區，其它可以不必考慮。　　　　　　　　　　　　　　〔分區後，應由上而下染，

且注意染劑不可沾到頭皮或皮膚〕

18.（○）白髮染成黑色時，通常應由前半部及兩鬢角處先染。

19.（✕）染髮劑經過兩劑混合後，塗抹於頭髮，並與色素粒子結合，我們稱爲半永久性染劑。　　　　　　〔永久性染劑〕

20.（✕）染髮之前，應先使用微鹼性的洗髮精，將頭髮污垢洗淨。

〔使用弱酸性或中性洗髮精〕

21.（○）染髮時，不愼而沾染到皮膚，此時可使用氨水擦拭。

22.（○）染髮乃是一門專業學問，除必須認識毛髮特性之外，對藥劑成分與功能運用等方法，在操作時還要有充分的熟練度，才能勝任。

23.（✕）先染髮再燙髮，才容易染成依自己所需要的顏色。

〔先燙再染才不易造成褪色〕

24.（✕）染髮劑是屬於一般化妝品。　　　　〔屬於含藥化妝品〕

25.（○）染髮劑的種類可分爲植物性、金屬性、合成性染髮劑。

26.（○）染髮之前的準備工作與顧客商討，並瞭解藥劑特性及毛髮結構及皮膚適應性。

27.（✕）膚色稍紅潤者，適合用深紅色色素粒子的顏色，感覺較柔和。　　　　　　　　　　　　　　　　　〔適合深褐色〕

28.（○）良好的染髮劑，應對毛髮無害，且不刺激皮膚，著色時間短，染後富有光澤。

29.（×）臘條型、噴霧型染劑，皆屬半永久性染劑。

〔屬暫時性染劑〕

30.（○）半永久性染劑比暫時性染劑停留在頭髮的時間較長。

31.（×）永久性染劑亦稱為還原染髮劑。　　〔稱為氧化染髮劑〕

32.（×）染髮劑可以加染眉毛及睫毛，使有整體感。

〔不可使用眉毛及睫毛〕

33.（○）漂淡劑停留在頭髮上時間愈長，對頭髮傷害愈大。

34.（×）植物性染劑具有毒性，染前應確實做皮膚試驗。

〔植物性染劑不具毒性〕

35.（○）指甲花是最古老的植物性染劑。

36.（○）植物性染劑色素存在於植物的根莖或葉了中，經加工後即
變成染色劑。

37.（○）染髮前之選色最重要應以白天的自然光線為標準。

38.（×）西方人一般頭髮自然髮色為淡色較多，並且麥拉寧色素粒
子較大且不規則。　　　　　　　　〔色素粒子較小〕

39.（×）使用永久性染髮劑遇濕氣高，頭髮會有粘塌感。

〔暫時性染劑〕

40.（○）染髮前之選色，應先考慮顏色與膚色之搭配。

41.（○）染髮前髮束測試能測出顧客頭髮之上色時間。

42.（×）噴霧型染劑使用後頭髮先失去光澤，顏色不易褪去。

〔噴霧型染劑屬暫時性染劑，洗髮後即去掉顏色〕

43.（○）橙、綠、紫色為顏色之二等色。

44.（×）等量紅色加紫色變成灰黑色。　　　　〔變成紫紅色〕

45.（×）塗上染劑，戴上浴帽，可直接使用有風加熱器，以加速完
成染髮。　　　　　　　　　　　〔應使用專用之加熱器〕

46.（×）染劑應放於日光直曬處，以保持乾燥。

〔應放置避免日光照射之陰涼處〕

47.（○）染劑應放於乾涼通風處勿放置過久，若超出使用期限請停止使用。

48.（○）染髮時，若金屬類附於頭髮上會產生化學變化的發熱作用。

49.（✕）染髮前應做20分鐘皮膚試驗，沒有不良反應後者可以染髮。　　　　　　　　　　　　〔染前應做24小時皮膚試驗〕

50.（○）優秀的染髮技巧可把一個人的膚色，個性氣質作適當的變化與配合。

51.（○）染髮前洗髮宜用指腹按摩式洗髮。

52.（○）染髮時應先分區，小片小片染，顏色才會均勻。

53.（○）染劑不慎進入眼睛，要立刻以清水沖洗。

54.（○）染髮時發現頭髮的頭皮有過敏現象，應迅速沖洗。

55.（○）皮膚試驗的部位應在耳後或手肘內側。

56.（✕）染髮前應多用潤絲精及保養油以保護髮質。

〔不可使用潤絲精或保養油以免無法著色〕

57.（✕）頭髮表皮層的鱗片組織細緻，緊密開孔小色澤深，即易達到染髮效果。　　　〔開孔大色澤深，較易達到染髮效果〕

58.（○）單步驟染髮通常用在顏色少許變化或染白髮上。

59.（✕）暫時性染劑，滲透到頭髮的皮質層，可於短期內除去顏色。　　　　　　　　　　　　　　　　　〔表皮層〕

60.（○）受損頭髮表皮層過分張開，因此易於上色，也易於褪色。

61.（○）染髮前美髮師應與顧客商討選出顧客喜歡及適合的顏色。

62.（○）白髮乃因頭髮中缺少或甚至沒有色素粒子而形成的。

63.（○）一個專業化美髮師在染髮前必須先瞭解顏色的基本理論與顏色混合方法。

64.（✕）染髮時應一次即自髮根梳至髮尾，否則會產生色度不均。

〔視需要而決定由何處先染〕

65.（╳）染髮時後腦部分的頭髮髮質較佳，所以最容易染色。

　　　　　　　　　　　　　　〔後腦部分較不易著色〕

66.（╳）頭髮愈粗黑，愈容易染成有色度較淡的頭髮。

　　　　　　　　　　　　〔頭髮愈粗黑愈不容易染成淺色〕

67.（╳）頭髮表皮層的鱗狀組織鬆軟，開孔多且大色澤淺，就較不
　　　易改變顏色。　　　〔開孔小色澤深，較不易改變顏色〕

68.（╳）染髮時室內溫度低，染髮時間短，反之則時間長。

　　　　　　　　　〔室內溫度低染髮的時間長，反之則時間短〕

69.（○）純度不夠的過氧化氫會起泡，不易達到均勻的效果。

70.（○）純度太高的過氧化氫會使頭髮受損，染髮時必須特別注
　　　意。

71.（○）條染時可將染過的髮束用鋁薄紙折疊包住，以隔開未染部
　　　分。

72.（○）顧客染髮資料卡的項目有：髮質、頭髮狀況、染髮劑、頭
　　　髮顏色、染髮時間等。

73.（○）品質優良的染髮劑應該具有染色與保養頭髮的功用。

74.（╳）沾上頭皮的染劑，不必洗乾淨，也不會傷皮膚。

　　　　　　　　　　　　〔應沖洗乾淨，以免產生過敏〕

75.（○）有傷口或擦傷之頭皮不可染髮。

76.（○）染髮劑可分為暫時性、半永久性、永久性三種。

77.（╳）染髮劑對於皮膚沒有反應，可以不斷作試驗。

　　　　　　　　　〔只要做一次試驗，否則會造成皮膚過敏〕

78.（○）染髮劑的雙氧水，主要是氧化作用。

79.（╳）在開始染髮前的必要步驟是檢查頭皮、挑選髮色，顧客本
　　　身的自然髮色不須注意。

　　　　　　　　　〔要注意顧客本身的顏色，才可染出希望的顏色〕

80.（○）染髮時，劃分髮束約1公分，不可挑開太寬，否則染劑塗

抹會不均勻。

81.（○）染髮時避免染到皮膚，可在髮緣周圍塗抹保護霜。

82.（×）染髮後為穩定色素，可以用鹼性護髮素沖洗，以分解殘留
之氧化物。　　　　　　　　　　　〔可用酸性護髮來沖洗〕

83.（×）染髮時，可以不帶手套，染髮劑不傷害皮膚。

　　　　　　　　　　〔需戴手套隔離染劑，以免傷害皮膚〕

84.（○）健康的頭髮不易燙也不易染髮，反之受損的頭髮容易著色
且也容易褪色。

85.（×）皮膚試驗能測出顧客對染劑的顯色時間。

　　　　　　　　　〔皮膚測試能測出顧客對染劑的過敏性〕

86.（×）染髮劑之髮束測驗能測出顧客對染劑之過敏現象。

　　　　　　　　　〔髮束測驗能測出顧客對染劑之顯色時間〕

87.（×）染髮時，雙氧水的濃度高則染髮時間長、顯色速度慢。

　　　　　　　　〔雙氧水的濃度愈高，染髮時間短顯色速度快〕

88.（×）染髮前，不必將洗淨的頭髮吹乾，即可進行染髮。

　　　　　　　　〔染髮前要將頭髮吹乾才可使染劑完全滲透〕

89.（○）染髮用的夾子類，宜用塑膠製品。

90.（×）染髮時適當使用錫箔紙，可隔絕顏色混合，並有保溫的效
果。

91.（○）染髮時若上色時間不夠，則因人工色素粒子未能氧化，易
產生褪色現象。

92.（○）使用金屬性染劑的頭髮，看起來晦暗、無光澤、易斷裂。

93.（×）暫時性染劑是專供白髮者使用。　　　　　〔永久性染劑〕

94.（○）染髮中能與頭髮色素粒子結合的是永久性染膏。

95.（○）永久性染髮劑之顏料分子，必須滲透到毛髮之皮質層並與
麥拉寧色素結合。

96.（○）染髮劑的種類可分為植物性、金屬性、合成性染髮劑。

97.（╳）染髮時應憑自己經驗，無須依照說明書使用以節省時間。
〔應參照說明書上的說明操作〕

98.（○）顏色的分類，可分為冷色系列與暖色系列兩種。

99.（○）就同一髮色而言，頭髮的深淺稱為色度。

100.（╳）半永久性染髮就是染劑和頭髮中的麥拉寧色素粒子結合
而成。 〔永久性染劑〕

101.（○）漂染頭髮時，過氧化氫最主要的功用是氧化及漂淡。

102.（╳）染髮時加蒸氣才能使染劑上色，且不易褪色。
〔染髮不可使用蒸氣機〕

103.（╳）東方人頭髮中所含的紅色素粒子最高。 〔黑色〕

104.（○）彩色染髮色可增加髮型的變化性。

105.（╳）染髮前一定要將頭髮洗淨，才可染髮。
〔如果頭髮沒抹任何髮品的狀態下，可不必洗髮就染髮〕

106.（╳）染髮時取髮底盤的厚度為2公分。 〔1公分〕

107.（○）漂染完成後要將髮束挑鬆。

108.（╳）染髮是長久以來普遍使用的一種整髮技巧。
〔染髮不是整髮技巧〕

109.（╳）染髮劑可用以染眉毛。 〔不可染眉毛〕

110.（╳）含醋酸鉛之染髮劑，可用以染鬍子。 〔不可染鬍子〕

111.（○）染髮時應戴手套。

二、選擇題

1.（2）染髮是將頭髮：（1）完全除去顏色（2）加入人工顏色（3）
減少天然顏色（4）全部除去色素粒子。

2.（2）苯胺染劑在何種狀況下不能使用：（1）灰色頭髮（2）頭皮
有傷（3）有頭皮屑（4）淡色頭髮。

81.（2）指甲花是一種植物性染料，此料染髮，將能：（1）滲入毛乳頭（2）覆蓋髮莖（3）髓質層（4）滲透毛囊。

82.（2）染髮之前應清洗頭髮，不可抓傷頭皮，並且將頭髮：（1）吹半乾（2）濕的也可以（3）全部吹乾（4）都可以。

83.（2）試驗皮膚有陽性反應，這表示：（1）正常（2）過敏（3）可以燙髮（4）可以染髮。

84.（2）染髮後在濕的時候髮色較：（1）淡（2）深（3）一樣（4）不一樣。

85.（2）染髮時染黑與染淡的全染方法應該是：（1）一樣（2）不一樣（3）視髮質而決定（4）視髮量而定。

九、各式整髮理論

一、是非題

1. （○）整髮時無論用什麼方法一定先要將頭髮梳頭。

2. （○）專業性的整髮，包括吹風、手捲、螺捲、指推波紋、髮筒
   捲法、電鉗等技術。

3. （×）整髮即不須吹得太乾，也能梳出美麗，酉線條的髮型來。

   〔整髮需吹乾才可做出持久美麗有線條的髮型〕

4. （×）使用髮漿後有粉狀物浮出來這才正確。

   〔如有粉狀物浮出是劣質的產品〕

5. （○）頭髮細少者可抹上髮漿以增加整髮效果。

6. （○）東方人的髮質較微硬，但可以用整髮的方式達到韻律感。

7. （○）整髮是將蓬亂不整齊的頭髮，加以整理使之成型。

8. （×）膠狀髮漿應先用水稀釋方可使用。

   〔經水稀釋易變質且粘性不佳〕

9. （○）造型必須先有構思才能創造出美好的作品。

10. （○）整髮是髮型設計的一種技巧。

11. （○）為配合髮型需要，可變換多種梳子較能梳出理想的髮型。

12. （○）當一個美髮從業人員，梳髮以前必須先認識工具的保養及
    清潔。

13. （○）整髮是髮型設計的主導者。

14. （○）整髮與梳髮之方式是相輔相成的。

15. （○）排骨梳便於梳理前額線條或將頭髮梳高角度。

16. （○）吹髮時須考慮頭髮自然的垂落及生長方向。

17.（○）手持吹風機，吹髮時其風向應自髮根吹至髮尾，若反其道，則會造成頭髮傷害。

18.（✗）吹髮基本原則是在吹風之前擦上少許髮油，並且風口愈接近頭髮愈好愈快速。　　〔吹風機與頭髮應保持適當距離〕

19.（✗）把吹風機貼近頭髮，用高溫吹整是縮短吹風時間最好的方法。　　　　　　　　　　　　　　〔高溫易傷害髮質〕

20.（✗）吹風機不吹頭髮時，風口應朝工作者，免得吹到顧客頭上。　　　　　　　　　　　〔不吹時應將吹風機關掉〕

21.（○）吹風時應先將頭髮打濕，吹後整髮較爲持久。

22.（✗）吹風方向由髮尾向頭皮方向吹，能增加頭髮亮度。

　　　　　　　　　　　　　　　　〔吹風由頭皮往髮尾方向吹〕

23.（○）吹風機操作不當易造成頭皮灼傷或頭髮分叉。

24.（○）吹風時，要等髮片熱度下降，才可把頭髮梳開成型。

25.（○）攝氏35°是最適合固定髮型的溫度。

26.（○）吹髮過程中推、提、拉、轉及固定是不可忽視的技巧。

27.（✗）吹髮時，頭髮的蓬度與所用吹風機大小有密切關係。

　　　　　　　　　　　　　　　〔蓬度與角度、溫度有關〕

28.（○）直吹內彎髮型時，宜用九排梳以45°取髮，拉緊髮片，吹亮髮絲。

29.（○）外翻髮型吹法，宜由後頭部底層開始吹。

30.（○）通常在吹風機裝上窄型口，目的在於使風力集中。

31.（○）將頭髮吹成高度，其吹風應隨著髮刷往前上方而移動。

32.（○）頸部短髮吹風時，其角度不宜提高，以便服貼。

33.（✗）利用圓梳吹出線條時，圓梳所放的位置應放在髮根處。

　　　　　　　　　　　　　　　　　　　〔應放置在髮尾處〕

34.（✗）手持吹風機吹髮，能使髮型持久，其重點是在髮稍。

　　　　　　　　　　　　　　　　　　　　　〔重點在髮根〕

35.（○）吹風時頭髮已經產生靜電，就是表示頭髮吹得太乾。

36.（╳）吹髮時如不分區，可節省很多時間。

〔分區才可節省時間〕

37.（○）吹風時應先將頭髮打濕，吹後髮型較為持久。

38.（╳）蓬鬆的髮型通常使用45°以下捲髮。　〔90°以上〕

39.（╳）吹風前先擦上護髮油，擦得越多越好，可保持髮型。

〔擦太多髮油不易吹蓬鬆〕

40.（╳）蓬鬆吹法適於頭髮多而厚的人。　〔適合較軟且少者〕

41.（○）吹髮型只與表皮層有關，由髮根向髮尾伸展。

42.（○）吹風機的持法依操作者的習慣靈活運用且雙手皆能操作自如才可。

43.（○）吹風機聲量過大產生噪音容易使人精神疲乏。

44.（╳）吹髮時最好一大束一大束地吹，節省時間。

〔髮片要平均才能吹出亮度與彈性〕

45.（○）使用吹風機前必須檢查吹風機中是否有異物。

46.（╳）吹風機的聲音越大越好整髮較快速。

〔吹風機的聲音不可以過大，以免產生噪音〕

47.（○）逆三角臉型屬於上寬下窄較為適合髮長至下巴，自然內捲為宜。

48.（╳）前額低的臉型，在分髮線可以用短分髮來分線。

〔長中分線來分線〕

49.（╳）長方形臉適合吹高角度，其梳子宜以九排梳來配合吹髮。

〔長方形臉不適合吹高角度〕

50.（╳）編髮是髮型的一種變化，既實用又能適合每個人。

〔並非每個人都適合編髮〕

51.（○）髮筒的大小可以決定頭髮波紋的效果。

52.（╳）上髮筒時，髮尾要隨意捲入。

〔髮尾要完全捲入，波紋才會平均〕

53.（○）長髮上髮筒時要先吹半乾再上捲，較易烘乾。

54.（✕）通常在冠部做高蓬髮型的髮筒角度是45°。

〔角度在90°以上〕

55.（○）選用髮筒的大小與頭髮成型鬈度有密切關係。

56.（✕）魚尾編是屬於三股編髮之技巧。　〔屬於二股編髮的技巧〕

57.（○）學習編髮應是由淺入深，由簡入繁，循次漸進，深入瞭解。

58.（✕）編髮時，只能用髮夾固定。　　　　〔也可使用橡皮筋〕

59.（○）四段編髮常用的技巧有平面編、圓編及緞帶編髮。

60.（○）在編髮時應注意髮長、頭型、臉型、年齡、場合、時間等之搭配，才能達到至美之境界。

61.（✕）髮量稀少的人，最適宜編髮。

〔髮量稀少的人不適合編髮〕

62.（○）髮筒的大小，通常與波浪的寬度成正比。

63.（○）髮筒的大小可以決定頭髮波紋的效果。

64.（○）髮筒之角度，冷燙捲棒的角度和大小均能影響波紋大小與髮型。

65.（○）髮筒捲法是利用髮筒或網筒捲子捲的方法，隨髮型變化，其排法不一。

66.（○）髮筒的大小、長短、方向、角度都會影響髮型效果。

67.（○）髮筒捲髮時，所取髮片長度與厚度視髮筒的大小而定。

68.（✕）夾捲（Pin Curl），係以髮幹旋轉來達到波紋的大小。

〔係以圓環的旋轉來達到波紋的大小〕

69.（✕）以夾捲做成波紋的排列方向是：如第一排向左，第二排也要向左。　　　　　　　　　　〔第二排向右〕

70.（○）小環型夾捲法是點綴髮型或鬢角處時，梳成小環型或波浪

型之局部捲法。

71.（○）夾捲波紋應一排以逆時針方向捲，另一排以順時針方向捲之，使呈S型。

72.（✕）捲髮的變動性只有全髮幹一種。

〔有全髮幹、半髮幹及無髮幹三種〕

73.（✕）夾捲法是做波浪型之主要捲法。　　　〔螺髻捲法〕

74.（✕）夾捲可分為上捲、下捲兩種。

〔分為上捲、下捲、直立捲〕

75.（✕）夾捲所使用之底盤只有方形、三角形、圓形。

〔有方形、三角形、長方形、弧形〕

76.（✕）利用夾捲整髮，成形時會使髮型蓬鬆。

〔夾捲較不易蓬鬆〕

77.（✕）夾捲是底部及圓環所構成的。

〔由底部髮幹及圓環所構成〕

78.（○）螺捲法要使波峰高，其整髮之髮片應為抬高捲。

79.（○）在整髮時螺髻捲法能做出波浪髮型。

80.（✕）夾捲捲法時，髮尾在外的會比髮尾在內的髮尾彎曲。

〔髮尾在內比在外彎曲〕

81.（✕）夾捲時，髮尾在內與在外的效果，都是一樣。

〔髮尾在外易翹，所以效果不同〕

82.（○）固定夾捲時不應破壞圓環。

83.（✕）整髮時同一排夾捲圓環位置的高低並不影響成型。

〔會影響成型〕

84.（✕）空心捲捲法是較服貼及經常用的整髮技巧。

〔空心捲是蓬鬆的捲法〕

二、選擇題

1.（3）手持式吹風機在極接近頭髮時，容易傷害髮質，因為溫度可達到攝氏幾度以上？（1）55℃（2）37℃（3）80℃（4）100℃。

2.（1）整髮時塗擦膠漿的最主要功用是：（1）固定持久（2）保養頭髮（3）柔軟頭髮（4）增加光澤。

3.（1）整髮後造成髮型失敗原因：（1）髮型未確定及頭髮未吹乾（2）使用適當工具（3）顧客不滿意（4）客人多應付不來。

4.（3）糾結在一起的頭髮，欲梳理應從何處著手：（1）髮根（2）髮幹（3）髮梢（4）任何地方均可梳通。

5.（3）吹風前擦過量髮油會產生：（1）易梳理（2）易固定成型（3）不易成型（4）分叉斷裂。

6.（2）梳理前額線條髮型時採用：（1）九排梳（2）排骨梳（3）包頭梳（4）剪髮梳。

7.（3）吹直髮型時使用：（1）尖尾梳（2）包頭梳（3）九排梳（4）剪髮梳。

8.（3）吹風機接近頭髮或壓著頭髮吹風，易造成頭髮：（1）變色（2）定型（3）乾燥與分叉（4）毫無關係。

9.（1）吹直髮常用邊梳邊吹風，若每髮片被吹過，必須等到：（1）頭髮近冷卻時（2）不必等（3）任何方式即可（4）不需要考慮　再吹另一片。

10.（1）天天洗髮或吹髮，長久會造成頭髮：（1）失去光澤（2）易梳（3）髮量增多（4）易穩定。

11.（3）手持吹風機吹頭髮，應該由髮根吹至：（1）頭皮（2）髮幹（3）髮梢（4）上方處。

12.（4）一般吹風的技巧何者正確：（1）缺乏設計觀念（2）不能

和顧客溝通（3）不能判斷毛流長向（4）技術熟練。

13.（1）美髮師用吹風機時：（1）力求輕巧（2）大型（3）折疊型（4）超大型　以減輕美髮師手腕部的負擔。

14.（1）調整吹風機風速快慢及溫度高低調整的主要依據是：（1）髮質（2）季節（3）室溫（4）顧客。

15.（2）有效的吹出線條型的梳子是：（1）九排梳（2）排骨梳（3）圓梳（4）小板梳

16.（3）一個完整的髮型，其主要技巧在於：（1）梳子的運用（2）吹風機的運用（3）梳子和吹風機的運用（4）雙手的運用。

17.（4）吹髮時最好：（1）一大束（2）不分區（3）隨自己意思（4）分區髮片　慢慢放下來吹。

18.（1）直吹內彎髮型時，分區髮片要挑：（1）水平（2）斜片（3）逆斜（4）彎曲髮片。

19.（3）使用吹風機整髮之前，頭髮必須完全：（1）剪過（2）糾結（3）噴濕（4）燙過較不傷害髮質。

20.（1）吹髮或逆梳能撐住髮型之力量其重心應放在：（1）髮根處（2）髮量（3）髮莖（4）髮梢。

21.（2）吹風時髮型的蓬鬆度與所持梳子的：（1）品質好壞（2）角度（3）長短（4）大小　有密切的關係。

22.（2）吹風時頭髮必須：（1）乾的（2）有濕度（3）染過（4）是直髮　較好固定型狀。

23.（2）吹風時間過久會：（1）使頭髮更漂亮（2）破壞髮質（3）沒有影響（4）有保養的作用。

24.（1）使用吹風機時，必須與頭髮：（1）保持適當距離（2）靠近髮根處（3）靠近髮尾處（4）越靠近越好。

25.（3）一般直吹內彎髮型先從：（1）頭頂（2）二側（3）頸後

（4）前額開始吹。

26.（3）吹髮時若頭髮尚未吹就乾了，必須：（1）不管它繼續吹（2）不用吹了（3）將頭髮適度噴濕再吹（4）重洗一次達到較佳的定型效果。

27.（1）頸背短髮吹風不可將髮片：（1）提高吹風（2）抬高捲法（3）往外翻（4）隨便都可以。

28.（3）使用髮捲筒時頭髮應：（1）鬆弛（2）歪斜（3）緊直（4）鬈曲。

29.（1）髮筒捲法時須注意取髮角度及是否將：（1）髮尾捲至髮根部（2）髮根捲至髮尾部（3）只捲髮根（4）只捲髮尾部。

30.（4）髮筒捲法在頭部下半部操作時，使用的角度為：（1）180度以下（2）120度以下（3）90度以下（4）60度以下。

31.（2）髮筒的捲子分有大、中、小號，其捲髮技巧類似：（1）螺捲燙法（2）冷燙捲法（3）平板燙捲法（4）電棒燙法。

32.（4）髮筒捲法時，為使頂部頭髮高蓬，取髮角度最好是：（1）60度以下（2）70～80度（3）80～90度（4）90～135度。

33.（1）平捲之捲髮有順時針及逆時針捲法，其目的使造型成：（1）波紋（2）曲線（3）彎線（4）直線條。

34.（2）平捲的髮圈，可分為半髮幹、全髮幹及：（1）空髮幹（2）無髮幹（3）寬髮幹（4）圓髮幹。

35.（2）平捲法每一束髮平均分配髮圈重疊：（1）1/2（2）1/3（3）1/4（4）1/5　捲髮表面需光滑。

36.（1）淺波紋這名詞是指：（1）平捲（2）立捲（3）抬高（4）空心　捲法。

37.（1）髮圈大小或波峰高低，決定於髮片所提的：（1）角度（2）髮質（3）髮長（4）髮量。

38.（4）螺捲捲法之底盤分為：（1）1種（2）2種（3）3種（4）3

種以上

39.（4）所謂立捲整髮，其目的使髮型蓬鬆，操作立捲時取髮束角度應在：（1）20°角（2）30°角（3）45°角（4）90°角。

40.（2）整髮時夾捲的圓環依序重疊：（1）1/2（2）1/3（3）1/4（4）1/5。

41.（3）應用手和髮夾捲出來的捲法是：（1）髮筒捲法（2）指推波紋（3）螺捲（4）電鉗捲法。

42.（3）為使空心捲落在底盤上應注意：（1）頭髮粗細（2）頭髮長短（3）取髮角度（4）髮量感。

43.（3）19世紀英、法少女在古典髮型中常用的捲法是：（1）上捲（2）橫捲（3）直立捲（4）下捲。

44.（1）梳頭髮用的髮梳，其質料最好採用：（1）鬃毛梳（2）鐵梳（3）鋁製品梳子（4）膠類製品　來梳髮。

45.（3）成型的髮型，噴上髮膠或定型液，此時風力宜用：（1）大風（2）熱風（3）靜風（4）冷風　吹乾。

46.（2）髮型梳理方式在何種狀況下必須逆梳：（1）未整髮（2）髮量少或應造型所需（3）頭髮髮質不好（4）頭髮太長。

47.（4）經常梳理頭髮對血液循環有助益，也可使毛髮：（1）易斷裂（2）易分叉（3）增加髮量（4）促進生長。

48.（1）梳髮時運用膠水效果是：（1）固定髮型用（2）增加色彩用（3）減少頭髮用（4）增加頭髮用。

49.（1）分髮時可用：（1）尖尾梳（2）S型梳（3）大齒梳（4）齒形梳。

50.（1）分髮線若採用側面長分法，可強調臉型向著：（1）上面延長（2）中心（3）左右離心（4）四面擴散作用。

51.（2）圓型臉若要分髮線，其髮線適合：（1）短分線（2）長分

線（3）斜分線（4）都可以。

52.（1）編髮技巧中最常用的是：（1）三股編髮（2）扭轉編髮（3）四股編髮（4）緞帶編髮。

53.（2）編髮時常用之工具：（1）圓梳、尖尾梳（2）尖尾梳、大板梳（3）鬃毛梳、圓梳（4）大板梳、九排梳。

十、公共安全與傳染病預防常識

一、是非題

1.（╳）熱水器可裝在室內，保持室內溫度。

〔熱水器裝室外，以免一氧化碳中毒〕

2.（○）電器著火時應使用粉沫滅火器撲救。

3.（╳）油類品燃燒時應使用水來滅火。　　　〔應用粉沫來滅火〕

4.（○）在操作電器機具時，應避免濕手接觸。

5.（╳）美容院為了講究氣氛，照明設備愈暗愈好。

〔美容院照明設備應保持200米燭光以上〕

6.（○）如遇緊急事故時應迅速告訴顧客並帶離現場。

7.（○）工作場所，必須光線充足，通風良好，且須符合衛生標準。

8.（╳）滅火器的使用是消防人員的事，美髮人員無須瞭解。

〔美髮從事人員應了解滅火器的使用方法〕

9.（╳）110伏特的電器用具可用於220伏特之插座。

〔會造成電線負荷過重而走火〕

10.（○）美容院裡的空氣應經常保持空氣流通。

11.（╳）為了講求美容院裡的美觀，應鋪設地毯。

〔地毯清潔不易，故不適合鋪設〕

12.（○）滅火器應放置於使用方便的地點及高度。

13.（○）為了維護各種機具設備，應具有正確使用的常識。

14.（╳）瓦斯熱水器最好裝在室內，使用時較方便。

〔熱水器要裝在室外〕

15.（○）室內如聞有瓦斯氣味時，應先立刻關緊瓦斯開關並小心打開窗戶，絕不可啟動任何電器開關，也不可點火，以免引起爆炸。

16.（○）從業人員為增進衛生常識，以維護顧客健康，應定期參加衛生講習。

17.（✕）健康係指身體沒有病而言，不包括心理之健康。
〔健康係指心理與生理的健康〕

18.（✕）美髮從業人員在領得技術士證明後，不需要再接受定期健康檢查。〔美髮從業人員需要定期健康檢查〕

19.（✕）只要定期健康檢查，培養良好的飲食習慣，適當的運動就能永保身心健康。〔還要保持心情愉快〕

20.（○）車輛多、水質及空氣污染、工廠排放廢氣、廢水等，都是危害健康的因子。

21.（○）每位從業人員學會安全與急救技能，除了自己受益之外，更可提供顧客安全的保障。

22.（○）工作環境的牆壁宜選用淺色的油漆或壁紙，以增加明度。

23.（✕）冷氣內的水是破壞環境的殺手，還會破壞大氣的臭氧層。
〔冷媒〕

24.（✕）密閉室內的換氣以排出式的效率大。〔循環式〕

25.（○）美髮業徹底實施「安全第一」，服務品質必會提昇。

26.（○）工作場所散亂、髒污是造成傷害的原因，所以安全措施應從環境整理著手。

27.（✕）職業傷害，包括不遵守交通規則而導致之傷害。
〔交通意外不包括職業傷害〕

28.（○）汽油蒸氣較空氣為重，常積聚於低窪地點或稀鬆之沙土內。

29.（○）瓦斯皮管有無漏氣現象，可用水浸法檢查。

30.（○）氧氣或空氣、燃料及溫度是火災發生的條件。

31.（✕）室內若濕度太高，易使皮膚黏膜乾裂。　　〔濕度太低〕

32.（○）從業人員工作前後應洗手，並穿著清潔工作服，顏面作業時應戴口罩。

33.（○）美髮從業人員應經常注意個人衛生及穿著清潔工作服，並應經常剪修指甲，以保持手部衛生。

34.（✕）美髮從業人員工作服的顏色，可選擇自己喜愛的，並沒規定要白色或素色。

　　　　〔工作服最好是素色或白色以保持清潔〕

35.（✕）美髮業為提高服務水準，顧客如要求挖耳朵時，可替其服務。　　〔挖耳朵不是美髮從業人員所服務的範圍〕

36.（○）發現顧客有化膿性瘡傷或傳染性皮膚病時，應予以拒絕服務。

37.（○）由胸部X光檢查及驗痰，可檢查出肺結核病。

38.（○）接觸顧客之工具與毛巾應保持整潔，每次使用後應洗淨並經由有效消毒後貯存於清潔櫃內。

39.（○）徹底做好營業場所衛生與個人衛生，可以預防疾病發生與傳染。

40.（○）個人衛生的主要方法是養成良好衛生習慣，注意身體清潔及定期健康檢查。

41.（○）環境衛生是改善人們生活環境與設施，使人們能健康生活。

42.（✕）飲用水的水塔成儲水槽，不必加蓋，以增強日光消毒的效果。　　〔儲水槽要加蓋，以保持衛生〕

43.（✕）美髮業營業場所應備有不透水，無蓋垃圾桶並隨時將垃圾放入桶內。　　〔應備有不透水並加蓋的垃圾桶〕

44.（○）噪音易造成聽力障礙，或焦躁、易怒、食欲不振、血管收

縮等症狀。

45.（✗）地震災害年年有，至目前為止，地震應可預測。

〔地震無法準確預測〕

46.（○）大地震發生時，在室內者應立即熄滅火種，關閉電源以防火災。

47.（○）火災種類依國家標準規定可分為普通、油類、電氣、金屬四種火災。

48.（✗）置物櫃內應裝設電燈烘乾機，以免物品潮濕生霉。

〔不可裝設電燈烘乾機，以免發生意外〕

49.（○）保險絲是為防止用電超過負荷而設計。

50.（✗）保險絲的融點愈高，危險性愈低。

〔融點高易造成過熱，增加危險性〕

51.（○）美髮營業場所應空氣流通，光線充足。

52.（✗）美髮業應有工具消毒設備，至於毛巾消毒則可有可無。

〔應包括毛巾消毒箱〕

53.（○）手最容易沾染細菌和寄生蟲卵，所以工作前後、飯前便後一定要洗手。

54.（✗）使用清潔劑及盆水洗手，最容易洗除手上的污物細菌。

〔使用清潔劑後在水龍頭下沖水，最易洗除手上的污物細菌〕

55.（✗）美髮從業人員要養成隨時洗手，保持雙手乾淨的習慣，不必時常修剪指甲。　　　　　　〔應經常修剪指甲〕

56.（○）預防接種可增加個人對於疾病的抵抗力，而定期健康檢查能早期發現疾病早期治療。

57.（○）防除病媒的三大原則是，第一不讓它來；第二不讓它吃；第三不讓它住。

58.（○）存放髮品用劑及化學物品時，要放在兒童拿不到的地方。

59.（○）美髮用品使用後，若有不良反應要立刻停用。

60.（○）從業人員用電器最重要的是經常檢查及保養。

61.（○）定期健康檢查，可早期發現疾病，早期治療，如檢出之疾
病屬傳染病，並可因而減少傳染給別人維護自己、家人、
顧客之健康。

62.（○）日本腦炎病原體的中間宿主爲豬、家禽或野鳥。

63.（○）預防小兒麻痺之方法，可口服沙賓疫苗。

64.（○）第一次感染登革熱的人，會對該型的登革熱病原體產生終
身免疫力。

65.（○）對於人口聚集及通風不良的公共場所，飛沫或空氣傳染可
能傳染流行性感冒。

66.（Ｘ）懷疑自己感染愛滋病毒時，可利用捐血作檢驗。
〔應抽血檢查，不可捐血以免傳染他人〕

67.（Ｘ）重複感染不同型的登革熱不會發展爲出血性登革熱。
〔會發展嚴重的出血性或休克症狀〕

68.（○）傷寒的傳染源爲病人排泄、嘔吐物或帶原者的排泄物。

69.（○）傷寒的預防方法爲徹底改善環境衛生，消滅病媒，加強食
品衛生及牛乳消毒，注意個人衛生及洗手。

70.（○）營業場所環境衛生非僅和保障從業員工的健康有關，更和
服務品質及可維護顧客的健康。

71.（○）輸血、受傷或使用不潔針筒、針頭可能感染C型肝炎。

72.（Ｘ）營業場所可飼養寵物如鳥、犬、貓等供顧客觀賞，並不會
妨礙衛生。　　　　〔不可以飼養寵物以免妨礙衛生〕

73.（○）從業人員一年一度健康檢查，可保障自身、家人及顧客之
健康，減少傳染或病情惡化的危險。

74.（○）女性從業人員完成接種德國麻疹疫苗可減少懷孕時感染，
胎兒染患先天性德國麻疹症候群的危險。

75.（○）肺結核是一種慢性呼吸系統傳染病，活動性肺結核未予有

效治療，兩年內死亡率可達50%。

76.（○）健康檢查時，接受胸部X光檢查，可早期發現結核病。

77.（○）肺結核之傳染源爲開放性肺結核患者的痰或飛沫。

78.（○）開放性肺結核患者最好隔離治療，並注意痰及污染物之處理。

79.（○）梅毒是一種慢性傳染，除可經由性接觸、皮膚接觸傳染外，亦可能經由母親傳染給胎兒。

80.（○）梅毒之病原體可能存於患者的體液、唾液、精液、陰道分泌液、血液、皮膚潰瘍滲出液。

81.（○）正確且全程使用保險套才可有效減少經由性行爲傳染疾病，如愛滋病等。

82.（○）淋病可引起尿道炎，女性常無明顯症狀，但可造成不妊症。

83.（✕）避免與陌生人發生性行爲，以防感染愛滋病。

〔除愛滋病還可能感染其他性病〕

84.（○）嬰幼兒可經由接種疫苗來預防B型肝炎。

85.（○）肺結核病人經早期發現，早期治療，並與醫護充分合作，即可痊癒。

86.（○）吸入開放性結核病人咳嗽時的飛沫可能會造成結核病傳染。

87.（✕）破傷風之傳染途徑是由黏膜侵入，小而深的傷口不易感染。

〔破傷風之傳染途徑是由傷口侵入〕

88.（○）工作人員應避免造成顧客皮膚傷口，以減少染菌危險。

89.（○）癩病是一種慢性傳染皮膚病。

90.（○）癩病之傳染途徑與帶有病原體的人接觸，經皮膚傷口傳染。

91.（○）砂眼可經手直接接觸傳染，或不潔毛巾媒介而間接傳染。

92.（○）染患性病時，應夫妻一併接受檢查，必要時同時治療才能避免相互傳染。

93.（○）外耳道黴菌病最主要的原因是掏耳朵。

94.（╳）疥瘡的病原體是蝨子。　　　　　　　　　　〔疥蟲〕

95.（╳）C型肝炎主要是吃到不潔之食物而感染。　　〔A型肝炎〕

96.（╳）D型肝炎可以單獨引起肝炎。

　　　　　　　　　〔必須有B型肝炎的病原體才會引起肝炎〕

97.（○）手部濕疹（俗稱富貴手）形成的原因很多，如因洗滌器物引起者，帶雙手套（內層棉質、外層膠質）工作，可具保護效果。

98.（○）足癬和手癬會經由污染的物品來傳染。

99.（○）腸病毒是一群病毒的總稱，包括克沙奇病毒、依科病毒、小兒麻痺，計有六十幾種病毒。

100.（○）時時注意個人衛生，經常正確洗手，可以預防感染腸病毒。

101.（╳）目前已有特效藥可殺死腸病毒。　　　　　　〔沒有〕

二、選擇題

1.（2）營業場所之瓦斯熱水器應安裝在：（1）室內（2）室外（3）洗臉台上方（4）牆角。

2.（4）下列何者為導電體：（1）塑膠（2）木棒（3）玻璃（4）人體。

3.（1）家庭之插座用電為：（1）交流電（2）直流電（3）高壓電（4）靜電。

4.（2）用電安全何者為非：（1）使用電器化先詳讀說明（2）用濕手插插頭（3）經常檢查電器（4）電器使用完應將插頭取下。

5.（4）登革熱之病原體有：（1）一型（2）二型（3）三型（4）四型。

6.（1）登革熱是由哪一類病原體所引起的疾病：（1）病毒（2）細菌（3）黴菌（4）寄生蟲。

7.（1）流行性感冒是由哪一種病原體所引起的疾病：（1）病毒（2）細菌（3）黴菌（4）寄生蟲。

8.（2）肺結核是由哪一類病原體所引起的疾病：（1）病毒（2）細菌（3）黴菌（4）寄生蟲。

9.（1）梅毒傳染途徑為：（1）接觸傳染（2）空氣傳染（3）經口傳染（4）病媒傳染。

10.（2）工作時帶口罩，主要係阻斷哪一種傳染途徑：（1）接觸傳染（2）飛沫或空氣傳染（3）經口傳染（4）病媒傳染。

11.（3）登革熱之傳染源為：（1）三斑家蚊（2）環蚊（3）埃及斑蚊（4）鼠蚤。

12.（3）愛滋病的病原體為：（1）葡萄球菌（2）鏈球菌（3）人類免疫缺乏病毒（4）披衣菌。

13.（2）愛滋病的敘述，下列何者錯誤：（1）在1981年才發現的傳染病（2）被感染的人免疫力不會降低（3）避免與帶原者發生性行為（4）帶原者不可捐血、捐器官以免傳染給他人。

14.（2）肺結核的預防接種為：（1）沙賓疫苗（2）卡介苗（3）免疫球蛋白（4）三合一混合疫苗。

15.（1）為增加室內房間的明亮度，牆壁顏色宜採：（1）淡色（2）深色（3）中間色（4）灰色。

16.（3）一般而言，彩色燈泡的光度只有白色或透明燈泡的：（1）20%（2）40%（3）60%（4）80%。

17.（3）室溫在攝氏幾度以下時不要開冷氣：（1）22度（2）25度（3）28度（4）31度。

18.（1）室內通氣效率大小以：（1）循環式（2）排出式（3）吸入式（4）室內對流式　最大。

19.（3）燃料油貯存應於：（1）12公尺（2）14公尺（3）16公尺（4）18公尺　處，且要嚴禁煙火。

20.（4）瓦斯鋼瓶應儲存於陰涼乾燥及通風良好處，環境溫度不得超過：（1）20℃（2）25℃（3）30℃（4）35℃。

21.（2）通常夏天人體最舒適的溫度為：（1）16～20℃（2）20～24℃（3）24～28℃（4）28～32℃。

22.（4）通常夏天人體最適宜的濕度約為：（1）30～40%（2）40～50%（3）50～60%（4）60～70%。

23.（2）噪音的測量單位是音的：（1）搖擺數（2）震動數（3）韻律數（4）波動數。

24.（1）地震發生的主要原因是：（1）板塊運動（2）火山活動（3）隕石撞擊（4）衝擊性地震。

25.（3）許多大地震，由於：（1）風災（2）水災（3）火災（4）油災　所造成的災害遠比震動所造成的更為慘重。

26.（4）地震時如在高樓大廈裡，應靠著：（1）門（2）牆壁（3）窗戶（4）支柱。

27.（1）（1）塑膠（2）乙炔（3）變壓器（4）石油　是為普通火災。

28.（4）任何火災皆可用的滅火器是：（1）泡沫滅火器（2）二氧化碳滅火器（3）乾粉滅火器（4）鹵化烷滅火器。

29.（1）不能用在電器火災滅火的是：（1）泡沫滅火器（2）二氧化碳滅火器（3）乾粉滅火器（4）海龍滅火器（鹵化烷）。

30.（4）瓦斯熱水器宜放在：（1）浴室（2）廚房（3）餐廳（4）室外。

31.（2）火災報警應打：（1）112（2）119（3）104（4）105。

32.（4）聞到濃瓦斯味時應開：（1）電風扇（2）排油煙機（3）抽風機（4）門窗。

33.（1）火災時採低姿勢，沿地面約：（1）20公分（2）30公分（3）40公分（4）50公分　處爬行。

34.（3）被濃煙嗆醒時宜用：（1）衣服（2）塑膠帶（3）濕毛巾（4）毛巾　摀住口鼻。

35.（3）營業衛生管理之中央管理機關爲：（1）省（市）政府衛生處（局）（2）行政院環保署（3）行政院衛生署（4）內政部警政署。

36.（4）美髮營業場所的光度應在：（1）50（2）100（3）150（4）200　米燭光以上。

37.（2）美髮營業場所內溫度與室外溫度不要相差：（1）5℃（2）10℃（3）15℃（4）20℃　以上。

38.（2）理燙髮美容從業人員至少應年滿：（1）13歲（2）15歲（3）17歲（4）無年齡限制。

39.（2）美髮營業場所外四周：（1）一公尺（2）二公尺（3）三公尺（4）四公尺　內及連接之騎樓人行道要每天打掃乾淨。

40.（1）美髮營業場所應：（1）通風換氣良好（2）燈光愈暗愈好（3）有良好隔音設備（4）音響效果良好。

41.（1）預防登革熱的方法，營業場所插花容器及冰箱底盤應：（1）一週（2）三週（3）一個月（4）二週　洗刷一次。

42.（1）病人常出現黃疸的疾病爲：（1）A型肝炎（2）愛滋病（3）肺結核（4）梅毒。

43.（2）如何預防B型肝炎，何者爲非：（1）孕婦接受B型肝炎檢查（2）感染B型肝炎後應注射疫苗（3）受血液污染的器具如剃刀等可能爲傳染的媒介（4）母親爲帶原者，新生兒出生後應即注射B型肝炎免疫球蛋白及疫苗。

44.（1）流行性感冒是一種：（1）上呼吸道急性傳染病（2）上呼吸道慢性傳染病（3）下呼吸道急性傳染病（4）下呼吸道慢性傳染病。

45.（4）流行性感冒的預防方法下列何者為錯誤：（1）將病人與易感性的健康人隔開（2）注意個人衛生（3）不隨便吐痰或擤鼻涕（4）預防注射卡介苗。

46.（4）從業人員維持良好的衛生行為可阻斷病原體在不同顧客間的傳染（何者為非）：（1）凡接觸顧客皮膚的器物均應消毒（2）工作前後洗手可保護自己（3）工作前後洗手可保護顧客（4）一次同時服務兩名顧客，不增加傳染的危險。

47.（3）工作場所整潔何者為非：（1）可減少蒼蠅、蚊子孳生（2）應包括空氣品質維護（3）整潔與衛生無關（4）可增進從業人員及顧客健康。

48.（4）B型肝炎感染下列敘述何者錯誤：（1）輸血（2）共用針筒、針頭（3）外傷接觸病原體（4）病人的糞便污染，而傳染。

49.（2）可經由性行為傳染的疾病何者為非：（1）愛滋病（2）斑疹傷寒（3）淋病（4）梅毒。

50.（4）梅毒的傳染途徑下列敘述何者錯誤：（1）與梅毒的帶原者發生性行為（2）輸血傳染（3）經由患有梅毒者潰瘍之分泌物接觸黏膜傷口傳染（4）由患者的痰或飛沫傳染。

51.（4）下列傳染病何者為非性接觸傳染病：（1）梅毒（2）淋病（3）非淋菌性尿道炎（4）肺結核。

52.（2）下列何者為外傷感染之傳染病：（1）肺結核（2）破傷風（3）流行性感冒（4）百日咳。

53.（1）若發現顧客有化膿性傳染性皮膚病時，下列敘述何者為錯誤（1）可繼續服務（2）拒絕服務（3）事後發現應用熱水

及肥皂洗淨雙手（4）事後發現時應徹底消毒。

54.（4）使用不潔或未經有效消毒的毛巾供顧客使用，可能傳染何種傳染病何者錯誤：（1）砂眼（2）皰疹（3）結膜炎（4）登革熱。

55.（1）下列何者係由黴菌所引起的傳染病：（1）白癬（2）麻瘋；3）阿米巴痢疾（4）恙蟲病。

56.（1）依傳染病防治條例規定公共場所之負責人或管理人發現疑似傳染病之病人時，應多少小時內報告衛生主管機關：（1）24小時（2）48小時（3）72小時（4）84小時。

57.（4）理燙髮美容業從業人員患有傳染病時：（1）可一方面治療一方面從業（2）保護得當應可繼續從業（3）覺得舒服時可繼續從業（4）停止從業。

58.（3）病原體進入人體後並不顯現病症，仍可傳染給別人使其生病這種人稱：（1）病媒（2）病原體（3）帶原者（4）中間寄主。

59.（3）健康的人與病人，或帶原者經由直接接觸而發生傳染病稱為：（1）飛沫傳染（2）經口傳染（3）接觸傳染（4）病媒傳染。

60.（3）登革熱係屬：（1）接觸傳染（2）經口傳染（3）病媒傳染（4）飛沫傳染。

61.（2）接觸病人或帶原者所污染之物品而傳染係屬：（1）直接接觸傳染（2）間接接觸傳染（3）飛沫傳染（4）經口傳染。

62.（1）下列何者為最容易接觸病原體的地方：（1）手（2）腳（3）頭部（4）身體。

63.（1）砂眼的傳染途徑最主要為：（1）毛巾（2）食物（3）空氣（4）嘔吐物。

64.（2）防止砂眼的傳染應注意：（1）空氣流通（2）毛巾器械之

消毒（3）光線充足（4）食物煮熟。

65.（3）細菌可經由下列何者進入體內：（1）乾燥的皮膚（2）濕潤的皮膚（3）外傷的皮膚（4）油質皮膚。

66.（3）第二次感染不同型之登革熱病毒：（1）不會有症狀（2）症狀較第一次輕微（3）會有嚴重性出血或休克症狀（4）已有免疫力，故不會再感染。

67.（2）工作人員如皮膚有傷口時，下列敘述何者為非：（1）可能增加本身被傳染的危險（2）仍可照常工作（3）避免傷口直接接觸顧客皮膚（4）傷口應消毒及包紮。

68.（3）如何預防登革熱，下列敘述何者錯誤：（1）清潔屋內外積水容器（2）疑似患者如發燒、骨頭痛、頭痛等應儘速送醫、隔離治療（3）接種疫苗（4）定期更換萬年青之花瓶之水，避免蚊子孳生。

69.（2）為顧客服務應有無菌操作觀念，下列何者錯誤：（1）工作前應洗手（2）只要顧客外表健康，可隨時提供服務（3）避免將其皮膚表面刮破或擠面皰（4）器具應更換消毒。

70.（1）香港腳是由下列何者所引起的：（1）黴菌（2）細菌（3）球菌（4）病毒。

71.（3）下列何者為A型肝炎之傳染途徑？（1）性行為（2）血液傳染（3）空氣傳染（4）吃入未經煮熟的食物。

72.（1）下列何種情況可能會傳染愛滋病？（1）性行為（2）蚊蟲叮咬（3）空氣傳染（4）游泳。

73.（3）下列何者是預防D型肝炎的方法？（1）注意飲食衛生（2）服用藥物（3）實施B型肝炎疫苗（4）避免蚊蟲叮咬。

74.（1）E型肝炎主要感染途徑是：（1）腸道感染（2）血液感染（3）接觸感染（4）昆蟲叮咬感染。

75.（3）育齡婦女最需要的預防接種是：（1）A型肝炎疫苗（2）麻

疹疫苗（3）德國麻疹疫苗（4）腮腺炎疫苗。

76.（1）同時得到B型肝炎和D型肝炎病毒：（1）病情可能更嚴重甚或造成猛爆性肝炎（2）急性肝炎後自癒（3）肝炎（4）肝硬化。

77.（1）雙手的哪個部位最容易藏污納垢：（1）手指（2）手掌（3）手腕（4）手心。

78.（3）雙手最容易帶菌，從業人員要經常洗手，尤其是：（1）工作前，大小便後（2）工作前，大小便前（3）工作前後，大小便後（4）工作後，大小便後。

79.（2）美髮從業人員應接受定期健康檢查：（1）每半年一次（2）每年一次（3）每二年一次（4）就業時檢查一次就可以。

80.（2）每一位美髮從業人員應至少有白色或（素色）工作服：（1）一套（2）二套以上（3）三套以上（4）不需要。

81.（4）咳嗽或打噴嚏時：（1）順其自然（2）面對顧客（3）以手遮住口鼻（4）以手帕或衛生紙遮住口鼻。

82.（1）顧客要求挖耳時應：（1）拒絕服務（2）偷偷服務（3）可以服務（4）收費服務。

83.（1）每年一次胸部X光檢查，可發現有無：（1）肺結核病（2）癲病（3）精神病（4）愛滋病。

84.（3）剪髮後碎髮應如何處理：（1）棄於地面（2）用紙包妥予以焚燒（3）隨時清掃倒入有蓋之容器內（4）倒入排水溝用水沖掉。

85.（3）從業人員和顧客，若發現有異味，並感到頭暈或呼吸困難時，首要檢查的是：（1）用電過量（2）通風不良（3）瓦斯漏氣（4）感冒。

86.（4）改善環境衛生是：（1）衛生機關（2）環保機關（3）清潔隊員（4）人人都有　的責任。

87. （1）根據統計，近年來意外災害引起的死亡，高居台灣地區十
　　　大死亡原因的：（1）第三位（2）第四位（3）第五位（4）
　　　第六位。

88. （1）美髮從業人員經健康檢查發現有：（1）開放性肺結核病
　　　（2）胃潰瘍（3）蛀牙（4）高血壓　者應立即停止執業。

89. （3）美髮從業人員發現顧客患有：（1）心臟病（2）精神病（3）
　　　傳染性皮膚病（4）胃腸病　者應予拒絕服務。

90. （2）理燙髮美容業者應備有完整的：（1）工具箱（2）急救箱
　　　（3）意見箱（4）小費箱　以便發生意外時，隨時可運用。

91. （4）發現顧客頭上有黑痣時應該：（1）幫她用香燒掉（2）用
　　　燙髮液燒掉（3）請她到外科診所燒掉（4）請她給皮膚科
　　　醫師檢查。

92. （3）顧客頭皮癢、頭皮屑多時應：（1）幫她多抓幾下，一來止
　　　癢，二來可以去除頭皮屑（2）介紹不同洗髮精（3）請顧
　　　客經由皮膚科醫師診治，必要時使用藥物或更換洗髮精（4）
　　　只要增加洗髮次數即可。

93. （4）防除老鼠、蟑螂、蚊、蠅等害蟲，主要是為了：（1）維護
　　　觀瞻（2）維持秩序（3）減輕精神困擾（4）預防傳染病。

94. （4）下列哪一種水是最好的飲用水：（1）泉水（2）河水（3）
　　　雨水（4）自來水。

95. （4）美髮從業人員兩眼視力經矯正後應為：（1）0.1（2）0.2
　　　（3）0.3（4）0.4　以上。

十一、化學、物理消毒常識

一、是非題

1.（✕）蒸氣消毒法以溫度100℃的流動蒸氣消毒5分鐘以上，即可達到消毒的目的。　　　　　　　　　　〔10分鐘以上〕

2.（○）煮沸消毒法於沸騰的開水100℃煮5分鐘以上，即可達到消毒的目的。

3.（○）使用紫外線消毒，其照明強度至少要達每平方公分85微瓦特的有效光量，照射時間要20分鐘以上。

4.（○）酒精消毒法屬化學消毒法一種。

5.（✕）氯液消毒法是將乾淨之器材，浸泡於自由有效餘氯100PPM的漂白水，浸泡時間在2分鐘以上。　　〔200PPM〕

6.（○）化學消毒劑如暴露於空氣中或與其他物質接觸時，常會降低其消毒效力。

7.（✕）稀釋化學消毒劑時倒出多餘原液，為避免浪費可倒回藥瓶內。　　　　　　　　　　〔不可以回收，以免變質〕

8.（✕）95%濃度之酒精，消毒效果最好。　　　　　　〔75%〕

9.（○）髮梳等器具應在每一位顧客使用後清潔，並採取適當有效之方法消毒，可防止傳染疾病。

10.（○）稀釋消毒液，使用筒量原液時，視線應該與所需刻度成水平位置。

11.（○）依消毒原理的不同，我們將消毒方法分為物理及化學消毒法兩大類。

12.（○）常用理燙髮機具的化學消毒劑，有氯液、酒精、複方煤餾

油酚液、陽性肥皂液等。

13.（✕）使用紫外線消毒機具時，不一定要將油垢擦拭乾淨，因紫
外線照射光線強，且殺菌力強。

〔消毒前一定要將油垢清乾淨，以達到消毒效果〕

14.（○）（理燙髮）美容機具消毒時，應依所要消毒器材的種類，
選擇適當的消毒藥劑和消毒方法。

15.（✕）座椅之椅肘、門把可以75%之酒精棉球擦拭方法消毒。

〔棉球以70%沾濕來擦拭表面最具效果〕

16.（○）剪刀消毒時，須先將機件分解，刷乾淨後再消毒。

17.（○）消毒的目的在於預防疾病的傳染，除可保障顧客健康外，
並可維護從業人員的健康。

18.（○）紫外線消毒法是為一種物理消毒法。

19.（✕）酒精消毒法是浸泡在75%的工業用酒精中十分鐘以上。

〔75%藥用酒精〕

20.（✕）毛巾之消毒，如需要以乾毛巾方式保存時，最好以蒸氣消
毒法處理。　　　　〔最好以煮沸消毒法處理〕

21.（✕）日光中含有紅外線亦具有殺菌作用。

〔日光中含有紫外線〕

22.（✕）毛巾消毒只適用於蒸氣消毒法。

〔還可以使用煮沸消毒法〕

23.（✕）為節省費用，化學消毒劑稀釋後可常年使用，不需更換。

〔消毒液不可重複使用〕

24.（○）（理燙髮）美容用之機具須隨時擦拭乾淨，並消毒後貯存
於消毒箱內或乾淨櫥櫃。

25.（○）化學消毒劑必須稀釋至規定的濃度，方可用以消毒理燙機
具。

26.（✕）塑膠製品、化學纖維布料等，可適用於煮沸消毒法。

〔適用於化學消毒法〕

27.（○）器械消毒前應經清洗，以提高消毒效果。

28.（○）紫外線消毒以上下皆有燈管之設備較易達到消毒之效果。

29.（╳）剪刀及剃刀等清理困難可重複使用，於二天消毒一次即可。 　　　　　　　　　　　　　　　　〔使用後立即消毒〕

二、選擇題

1.（4）器具、毛巾之消毒時機為：（1）每三天一次（2）每二天一次（3）每天一次（4）每一位顧客使用之後。

2.（1）煮沸消毒法於沸騰的開水中煮至少幾分鐘以上：（1）5分鐘（2）4分鐘（3）3分鐘（4）2分鐘　即可達到殺滅病菌的目的。

3.（3）下列何種機具不適合用煮沸消毒法消毒：（1）剪刀（2）玻璃杯（3）塑膠夾子（4）毛巾。

4.（2）下列哪一種消毒法是屬物理消毒法：（1）陽性肥皂液消毒法（2）蒸氣消毒法（3）酒精消毒法（4）複方煤餾油酚肥皂液消毒法。

5.（3）稀釋消毒劑以量筒取藥劑時，視線應該：（1）在刻度上緣位置（2）在刻度下緣位置（3）與刻度成水平位置（4）在量筒注入口位置。

6.（1）紫外線消毒法為一種：（1）物理消毒法（2）化學消毒法（3）超音波消毒法（4）原子能消毒法。

7.（3）手指、皮膚適用下列哪種消毒法：（1）氯液消毒法（2）煤餾油酚消毒法（3）酒精消毒法（4）紫外線消毒法。

8.（1）金屬製品的剪刀、剃刀、剪髮機等切忌浸泡於：（1）氯液（2）熱水（3）酒精（4）複方煤餾油酚　中，以免刀鋒變

鈍。

9.（3）200PPM即：（1）一萬分之二百（2）十萬分之一百（3）百
萬分之二百（4）千萬分之二百。

10.（3）陽性肥皂液與何種物質有相拮抗的特性，而降低殺菌效
果：（1）酒精（2）氯液（3）肥皂（4）煤餾油酚。

11.（4）下列哪一種消毒法是屬於化學消毒法：（1）蒸氣消毒法
（2）紫外線消毒法（3）煮沸消毒法（4）陽性肥皂液消毒
法。

12.（2）紫外線消毒箱內之燈管須採用波長：（1）200～240（2）
240～280（3）280～310（4）310～410nm（10m）之規格
最佳。

13.（1）日光之所以具有殺菌力，因其中含有波長在：（1）300～
400（2）300～200（3）200～100（4）100～50nm　的紫
外線。

14.（1）陽性肥皂液消毒劑，其有效殺菌濃度為：（1）0.1～0.5%
（2）0.5～1%（3）1～3%（4）3～6%　之陽性肥皂苯基氯
卡銨。

15.（4）盥洗設備適用下列哪種消毒法：（1）紫外線消毒法（2）
酒精消毒法（3）煮沸消毒法（4）氯液消毒法。

16.（3）下列哪一種不是化學消毒法：（1）漂白水（2）酒精（3）
紫外線（4）來蘇水。

17.（1）使用氯液消毒法，機具須完全浸泡至少多少時間以上：（1）
2分鐘（2）5分鐘（3）10分鐘（4）20分鐘。

18.（2）使用陽性肥皂液消毒時，機具須完全浸泡至少多少時間以
上（1）10分鐘（2）20分鐘（3）25分鐘（4）30分鐘。

19.（1）使用酒精消毒時，機具須完全浸泡至少多少時間以上：（1）
10分鐘（2）15分鐘（3）20分鐘（4）25分鐘。

20.（1）使用煤餾油酚肥皂液消毒時，機具須完全浸泡至少多少時間以上：（1）10分鐘（2）15分鐘（3）20分鐘（4）25分鐘。

21.（4）來蘇水消毒劑其有效濃度爲：（1）3%（2）4%（3）5%（4）6%　之煤餾油酚。

22.（1）煤餾油酚消毒劑其有效殺菌濃度，對病原體的殺菌機轉是造成蛋白質：（1）變性（2）溶解（3）凝固（4）氧化。

23.（1）蒸氣消毒箱內之中心溫度需要多少度以下殺菌效果最好：（1）80℃（2）70℃（3）60℃（4）50℃

24.（1）最簡易的消毒方法爲：（1）煮沸消毒法（2）蒸氣消毒法（3）紫外線消毒法（4）化學消毒法。

25.（2）紫外線消毒法是：（1）運用加熱原理（2）釋出高能量的光線（3）陽離子活性劑（4）氧化原理，使病原體的DNA引起變化，使病原體不生長。

26.（4）玻璃杯適用下列哪種消毒法：（1）蒸氣消毒法（2）酒精消毒法（3）紫外線消毒法（4）氯氣消毒法。

27.（3）消毒液鑑別法，煤餾油酚在色澤上爲：（1）無色（2）淡乳色（3）淡黃褐色（4）淡紅色。

28.（2）消毒液鑑別法，煤餾油酚在味道上爲：（1）無味（2）特異臭味（3）特異味（4）無臭。

29.（1）煮沸消毒法常用於消毒：（1）毛巾、枕套（2）塑膠髮卷（3）磨刀皮條（4）洗頭刷。

30.（3）漂白水爲含：（1）酸性（2）中性（3）鹼性（4）強酸性物質。

31.（2）利用日光消毒，是因爲日光中含：（1）紅外光線（2）紫外光線（3）X光線（4）雷射光線。

32.（3）化學藥劑應使用：（1）礦泉水（2）自來水（3）蒸餾水

（4）食鹽水　稀釋。

33.（4）消毒美髮器機具使用氯液時，其自由有效餘氯應為（1）
500PPM（2）100PPM（3）150PPM（4）200PPM。

34.（2）一般而言，病原體之生長過程在何種溫度最適宜：（1）10
℃～20℃（2）20℃～38℃（3）38℃～40℃（4）40℃以
上。

35.（2）對大多數病原體而言，在多少pH值間最適宜生長活動：（1）
9～8（2）7.5～6.5（3）6.5～5（4）5～3.5。

36.（1）加熱會使病原體內蛋白質：（1）凝固作用（2）氧化作用
（3）溶解作用（4）還原作用　破壞其新陳代謝，最後導致
病原體死亡。

37.（2）陽性肥皂液屬於陽離子界面活性劑之一種，其有效殺菌濃
度，對病原體的殺菌機轉為蛋白質會被：（1）氧化作用
（2）溶解作用（3）凝固作用（4）變質作用　。

十二、急救常識與化妝品辨識

一、是非題

1.（○）傷口上的凝血塊不可摘除或洗去，用紗布包蓋即可。

2.（╳）中風患者兩眼瞳孔放大，而休克患者，則兩眼瞳孔大小不一。　〔中風時兩眼瞳孔大小不一，休克時兩眼瞳孔放大〕

3.（○）傷口上必須先放上無菌敷料再包紮。

4.（○）最常用且有效的人工呼吸法為口對口人工呼吸法。

5.（╳）口對口人工呼吸法是每隔5分鐘給患者吹一口氣。
〔5秒鐘〕

6.（○）心肺復甦術是指人工呼吸及胸外按壓心臟的合併使用。

7.（○）心肺復甦術的按壓位子在胸骨下端三分之一處。

8.（○）輕傷少量出血的傷口，可用優碘洗滌傷口及周圍，並以傷口為中心，環形向四周塗抹。

9.（╳）頭皮創傷的急救處理法是清洗傷口，並將頭肩部放低。
〔乾淨沙布覆蓋並將患部抬高〕

10.（╳）對任何發生意外傷害或急症的患者，不要動他，等醫師來處理就可。　〔先做適當的處理〕

11.（○）每位從業人員應學會安全與急救技能，除了自己受益之外更可提供顧客安全的保障。

12.（○）急救是當創傷或疾病突然發生時，在醫師尚未到達或未將患者送醫前對意外受傷或急症患者，所做的一種短暫而有效的處理。

13.（○）突然一邊的臉、上臂和腿無力或有麻感，說話困難或無法

說話都是中風的警訊。

14.（✗）即使是大傷口，用急救藥品處理即可，不必再送醫治療，
以免浪費時間。　　　　　　　〔急救後立即送醫診治〕

15.（○）發現呼吸道有異物梗塞之患者，不能說話、咳嗽、呼吸
時，應立即施予海氏法，排出異物。

16.（○）壓額頭推下巴，是保持呼吸道暢通的好方法。

17.（✗）檢查患者有無脈搏的方法是用眼睛去看患者胸部有無起
伏。　　　　　　　　　　　　　　　〔用手觸摸脈搏〕

18.（✗）採用直接加壓止血法時，可用衛生紙或棉花直接蓋在傷口
上。　　　　〔可在傷口處上方靠心臟位置直接加壓或
用已消毒之棉花〕

19.（○）發生挫傷或扭傷時，不可揉或熱敷，應用清潔的冷濕敷料
蓋於傷口，並保持固定。

20.（✗）止血帶止血法是最有效的方法，任何傷口都可使用。
〔只適用於四肢動脈大出血〕

21.（✗）如果皮膚因燙傷引起水泡，可自行用消毒的針刺破，放出
裏面的水。　　　　　　　　〔不可用針刺破以免感染〕

22.（○）意外災害的發生原因，主要是人為疏忽所引起。

23.（○）各種消毒藥品必須與美容、美髮用品分開妥為存放，同時
須標明品名、用途及中毒時之急救方法。

24.（✗）失血2000c.c.或大動脈出血1分鐘，尚不致對生命構成威
脅。　　　　　　　　　　　　　〔會對生命造成威脅〕

25.（✗）急救箱的消毒紗布是用來清潔及消毒之用，而棉花則可用
來做止血用。　　　〔消毒紗布用來止血，棉花則用消毒〕

26.（○）紫藥水對輕度燒傷、切割傷口等具有結疤作用，且可用於
口腔及粘膜等部位。

27.（○）對於因病或受傷倒地的病人，第一件要做的事是確定有無

意識。

28.（✗）檢查換者有無呼吸的方法是成人摸頸動脈，嬰幼兒摸肱動脈。　　　　　　　　　　〔成人摸肱動脈，嬰幼兒摸頸動脈〕

29.（○）一人心肺復甦術是胸外按壓15次，口對口人工呼吸2次，並每1分鐘檢查脈搏一次。

30.（○）對食物中毒患者若意識清醒可供應水或牛奶後立即摧吐。

31.（✗）對腐蝕性化學藥品中毒，應給予喝蛋白質或牛奶，並立即摧吐。　　　　　　　　〔不可摧吐，否則會造成二次傷害〕

32.（○）使用三角巾托臂法時，應使手部比肘部高出10～20公分。

33.（○）任何創傷的急救，首先應注意止血及預防休克。

34.（○）無菌敷料的大小，至少應超過傷口四周2.5公分。

35.（○）凡是昏迷不醒、嘔吐，頸部及胃、腸創傷的傷患，不可給予任何飲料。

36.（✗）輕微灼燙傷可塗敷油膏或油脂類塗劑以減少疼痛。　　　　　　　　　　　　〔不可塗抹油膏，可用水沖至不痛〕

37.（✗）嚴重灼燙傷時，應立即將傷處的燒焦衣物除去。　　　　　　　　　　　　　　　　　〔應留給醫生處理〕

38.（○）化學藥品灼傷時，應立刻用大量的水沖掉灼傷部位的化學藥物，至少15分鐘以上。

39.（○）化學藥品灼傷眼睛時，應讓患者頭側向灼傷那邊，用水輕輕從眼角側沖向眼尾。

40.（✗）對於休克患者，應讓其平躺，頭肩部抬高約20～30公分。　　　　　　　　　　　　　　　〔平躺後將腳部抬高〕

41.（✗）對頭部外傷患者，應讓其平躺，並將下肢抬高約20～30公分。　　　　　　　　　　　　　　　　〔將頭部抬高〕

42.（○）對中風患者，應使其平躺，並將頭肩部墊高10～15度或採半坐臥姿勢。

43.（○）對急性心臟病患者應採半坐臥姿勢。

44.（○）對鼻出血患者，應使其安靜坐下，上身前傾，捏住鼻子的柔軟部位，用口呼吸。

45.（○）如果昆蟲進入耳內，可用燈光照射，將小蟲引出。

46.（○）有三種緊急情況會立刻引起生命危機：呼吸或心跳停止、大出血以及不省人事，可能會干擾呼吸道暢通，最後影響呼吸。

47.（╳）對暈倒患者，應使其平躺，並抬高頭部，平躺後將腳抬高。

48.（○）對中暑患者可用濕冷毛巾包裹身體，並澆冷水保持潮濕或以電風扇直接吹拂患者，以降低體溫。

49.（○）對傷病者應維持呼吸道暢通、充分的呼吸以及足夠的血液循環，以挽救生命。

50.（○）坊間冷燙液調配師是違法之人員。

51.（╳）染髮劑無須標示保存方法以及保存期限。

〔任何產品都需標示〕

52.（○）燙髮劑須標示保存方法以及保存期限。

53.（○）美髮產品標榜染髮功能，係違法產品。

54.（○）經公告免予申請備查之一般化妝品，其衛生標準仍應符合化妝品衛生管理條例及其有關規定。

55.（○）燙髮劑包裝上全為外文標示之燙髮劑，係違法產品。

56.（╳）促進毛髮生長之產品係屬化妝品。　〔屬於含藥化妝品〕

57.（○）美髮院不得調配、分裝或改裝化妝品供應顧客。

58.（╳）國產之美髮液，包裝上應有一般化妝品第○○○號之備查字號。

〔國產之美髮液不需備查字號〕

59.（○）含有維生素之髮油，包裝上應有保存期限及保存方法。

60.（○）自國外輸入之化妝品，應刊載輸入廠商之名稱、地址。

61.（✕）養髮劑的包裝上應刊載批號及出廠日期。

〔另要有成分、用途、許可字號等〕

62.（○）化妝品衛生管理之主管機關，在中央為行政院衛生署。

63.（✕）化妝品包裝毫無中文標示，表示正宗進口貨，是合法產品。

〔進口化妝品要有中文說明和標籤〕

64.（✕）香水不必標示製造廠名，因為它是免除申請備查的化妝品。

〔要有廠名、地址等〕

65.（○）使用含藥化妝品，應特別注意包裝上刊載之「使用時注意事項」。

66.（✕）化妝品販賣業者，視需要可將化妝品之包裝改變出售。

〔不可改裝出售〕

67.（○）只有領有工廠登記證者，才可以製造化妝品。

68.（○）包裝上載明「樣品」之化妝品，不得販賣。

69.（✕）化妝品均為外用產品，故可使用甲醇。

〔甲醇有害人體健康，所以不可使用於化妝品中〕

70.（○）一般化妝品係指未含有醫療或毒劇藥品之化妝品。

71.（○）含藥化妝品所含醫療或毒劇藥品成分、含量，需符合中央衛生主管機關規定之範圍及基準。

72.（✕）取出化妝品內容物過多時，應速放回瓶中，以免浪費。

〔不可倒回瓶中，以免變質〕

73.（✕）化妝品品質安定，無需避免陽光直接照射。

〔陽光直接照射會導致化妝品變質〕

74.（✕）國產燙髮劑之核准字號應為省（市）衛字第○○○○○○號。

〔應為衛署妝字第○○○○○○號〕

75.（✕）香皂之核准字號應為省（市）衛字第○○○○○○號。

〔香皂不需核准字號〕

76.（✕）燙髮劑包裝上無保存期限，表示其保存期限超過三年。

〔任何產品均需載明保存期限〕

77.（✗）國產眉筆之核准字號應爲省（市）衛字第○○○○○○
號。　　　　　　　　　　　　　　〔眉筆不需核准字號〕

78.（○）美髮院不得使用來源不明的化妝品。

79.（○）髮蠟係屬一般化妝品，無需向衛生機關申請備查。

80.（○）化妝品衛生管理之機關，在中央爲行政院衛生署。

81.（○）燙髮劑只限於燙髮，不得作其他用途。

82.（○）化妝品衛生管理機關，在縣（市）爲縣（市）政府。

83.（○）洗髮精、髮油、髮膠、定型液等屬一般化妝品。

84.（✗）進口髮膠之核准字號應爲衛署妝輸字第○○○○○○號。
　　　　　　　〔進口髮膠爲一般化妝品第○○○○○號〕

85.（✗）化妝品之廣告，應於事前申請中央衛生主管機關核准。
　　　　　　〔應於事前申請地方衛生主管機關申請備查〕

86.（○）販售大陸化妝品是違法之行爲。

87.（✗）供應來源不明之化妝品，處新台幣十五萬元以下罰鍰。
　　　　　　　　　　　　　　　　　　〔十萬元以下〕

88.（✗）去頭皮屑、止頭皮癢之洗髮精係屬一般化妝品，無需向衛
生機關申請備查。　　〔去頭皮屑、止頭皮癢之洗髮精係屬
　　　　　　　　　　含藥化妝品，應須向衛生機關申請備查〕

89.（✗）髮膠不必標示製造廠名，因爲它是免除申請備查的化妝
品。　　　　　　　　　　　　　　〔要有廠名、地址〕

90.（○）輸入之化妝品未刊載輸入廠商名稱或地址者，就是來源不
明之化妝品。

91.（○）永久性染髮劑係屬含藥化妝品。

92.（✗）染髮劑是屬於一般化妝品。　　　　　〔含藥化妝品〕

93.（✗）只要是未曾打開瓶蓋的染髮劑都可無限期的使用。
　　　　　　　　　　　　　　　　〔必須在使用期限之前用完〕

二、選擇題

1.（3）急救箱內應備有：（1）氨水（2）白花油（3）3%雙氧水（4）面速立達母軟膏　來消毒傷口。

2.（1）營業場所內有顧客大傷口受傷應：（1）給予緊急處理後協助送醫（2）立刻請他離開（3）報警（4）簡單處理後隨便他。

3.（2）可用來固定傷肢，包紮傷口，亦可充當止血帶者為：（1）膠布（2）三角巾（3）棉花棒（4）安全別針。

4.（1）異物梗塞時不適用腹部壓擠法者為：（1）肥胖者及孕婦（2）成年人（3）青年人（4）兒童。

5.（4）腹部壓擠法的施力點為：（1）胸骨中央（2）胸骨下段（3）胸骨劍突（4）胸骨劍突與肚臍間之腹部。

6.（2）最常用且最有效的人工呼吸法為：（1）壓背舉臂法（2）口對口人工呼吸法（3）壓胸舉臂法（4）按額頭推下巴。

7.（1）口對口人工呼吸法，成人每幾秒鐘吹一口氣：（1）5秒（2）10秒（3）15秒（4）1秒。

8.（4）檢查有無脈搏，成人應摸：（1）肱動脈（2）靜動脈（3）股動脈（4）頸動脈。

9.（3）壓背舉臂法與壓胸舉臂法，應多久做一次：（1）15秒（2）10秒（3）5秒（4）1秒。

10.（1）成人心肺復甦術中的胸外按壓的壓迫中心為：（1）胸骨下端1/3處（2）胸骨中段（3）胸骨劍突（4）肚臍。

11.（2）成人心肺復甦術中的胸外按壓的速率為每分鐘：（1）150次（2）80～100次（3）50次（4）12次。

12.（3）成人心肺復甦術中的胸外按壓應兩臂垂直用力往下壓：（1）9～10公分（2）7～8公分（3）4～5公分（4）1～2公分。

13.（4）成人心肺復甦術中的胸外按壓與口對口人工呼吸次數的比例為：（1）5：1（2）10：1（3）10：2（4）15：2。

14.（2）直接在傷口上面或周圍施以壓力而止血的方法為：（1）止血點止血法（2）直接加壓止血法（3）升高止血法（4）冷敷止血法。

15.（3）挫傷或扭傷時應施以：（1）止血點止血法（2）止血帶止血法（3）冷敷止血法（4）升高止血法。

16.（4）當四肢動脈大出血，用其他方法不能止血時才用：（1）直接加壓止血法（2）止血點止血法（3）升高止血法（4）止血帶止血法。

17.（1）可用肥皂及清水或優碘洗滌傷口及周圍皮膚者為：（1）輕傷少量出血之傷口（2）嚴重出血的傷口（3）頭皮創傷（4）大動脈出血。

18.（3）對受傷部位較大，且肢體粗細不等時，應用：（1）托臂法（2）八字形包紮法（3）螺旋形包紮法（4）環狀包紮法來包紮。

19.（4）用三角巾托臂法，其手部應比肘部高出：（1）1～2公分（2）3～4公分（3）7～8公分（4）10～20公分。

20.（1）無菌敷料的大小為：（1）超過傷口四周2.5公分（2）與傷口一樣大小（3）小於傷口（4）小於傷口2.5公分。

21.（2）對輕微灼燙傷的處理為：（1）塗敷清涼劑（2）用冷水沖至不痛（3）刺破水泡（4）塗醬油或牙膏。

22.（3）染髮劑、燙髮劑、清潔劑或消毒劑灼傷身體時，應用大量水沖洗灼傷部位：（1）1分鐘（2）5分鐘（3）15分鐘（4）100分鐘。

23.（4）化學藥劑灼傷眼睛在沖洗時應該：（1）健側眼睛在下（2）緊閉眼瞼（3）兩眼一起沖洗（4）傷側眼睛在下。

24.（3）頭部外傷的患者應該採：（1）仰臥姿勢（2）復甦姿勢（3）抬高頭部（4）抬高下肢。

25.（4）急救箱內藥品：（1）可以用多久就用多久（2）等要用時再去買（3）用完就算了（4）應有標籤並注意使用期限隨時補換。

26.（2）對中風患者的處理是：（1）給予流質食物（2）患者平臥，頭肩部墊高10～15公分（3）腳部抬高10～15公分（4）馬上做人工呼吸。

27.（3）急性心臟病的典型症狀爲：（1）頭痛眩暈（2）知覺喪失，身體一側肢體麻痺（3）呼吸急促和胸痛（4）臉色蒼白，皮膚濕冷。

28.（4）急性心臟病的處理是：（1）讓患者平躺，下肢抬高20～30公分（2）要固定頭部（3）以酒精擦拭身體（4）採半坐臥姿勢，立即送醫。

29.（4）急救箱要放在：（1）高高的地方（2）上鎖的櫃子（3）隨便（4）固定且方便取用的地方。

30.（3）如有異物如珠子或硬物入耳應立即：（1）滴入95%酒精（2）滴入沙拉油或橄欖油（3）送醫取出（4）用燈光照射。

31.（1）會立即引起生命危機是：（1）呼吸或心跳停止、大出血、不省人事（2）口渴（3）饑餓（4）營養不良。

32.（1）病患突然失去知覺倒地，數分鐘內呈強直狀態，然後抽搐這是：（1）癲癇發作（2）休克（3）暈倒（4）中暑　的症狀。

33.（3）對癲癇患者的處理是：（1）制止其抽搐（2）將硬物塞入嘴內（3）移開周圍危險物品保護病人，避免危險，儘快送醫（4）不要理他。

34.（4）病人在毫無徵兆下，由於腦部短時間內血液不足而意識消

失倒下者為：（1）中風（2）心臟病（3）糖尿病（4）暈倒。

35.（1）對暈倒患者的處理是：（1）讓患者平躺於陰涼處，抬高下肢（2）用濕冷毛巾包裹身體（3）立即催吐（4）給予心肺復甦術。

36.（2）患者抱怨頭痛、暈眩，皮膚乾而紅，體溫高達攝氏41度者為：（1）暈倒（2）中暑（3）中毒（4）癲癇。

37.（4）對中暑患者的處理是：（1）讓患者平躺，抬高下肢（2）立即催吐（3）做人工呼吸（4）離開熱源，患者平躺，抬高頭肩部，用濕冷毛巾包裹身體以降溫，並送醫。

38.（1）對食物中毒之急救是：（1）供給水或牛奶立即催吐；（2）將患者移至陰涼地，並除去其上衣；（3）做人工呼吸；（4）做胸外按摩。

39.（2）對腐蝕性化學品中毒的急救是：（1）給喝蛋白質或牛奶後催吐；（2）給喝蛋白質或牛奶但勿催吐，立刻送醫；（3）給予腹部壓擠；（4）給予胸外按壓。

40.（3）一氧化碳中毒之處理是：（1）給喝蛋白質或牛奶（2）給喝食鹽水（3）將患者救出通風處並檢查呼吸脈搏，給予必要之急救，並送醫（4）採半坐臥姿勢。

41.（2）營業場所預防意外災害，最重要的是：（1）學會急救技術（2）建立正確的安全觀念養成良好習慣（3）維持患者生命（4）減少用電量。

42.（3）急救的定義：（1）對有病的患者給予治療（2）預防一氧化碳中毒（3）在醫師未到達前對急症患者的有效處理措施（4）確定患者無進一步的危險。

43.（4）下列情況何者最為急迫：（1）休克（2）大腿骨折（3）肘骨骨折（4）大動脈出血。

44.（2）急救時應先確定：（1）自己沒有受傷（2）患者及自己沒有進一步的危險（3）患者沒有受傷（4）患者有無恐懼。

45.（3）營業衛生管理之中央主管機關為：（1）省（市）政府衛生處（局）（2）行政院環保署（3）行政院衛生署（4）內政部警政署。

46.（1）經公告免予申請備查之頭髮用化妝品為：（1）髮油（2）去頭皮屑洗髮精（3）染髮劑（4）燙髮劑。

47.（1）合法之國產燙髮劑應有下列許可字號：（1）衛署妝字（2）一般化妝品（3）省衛妝（4）衛妝　字第○○○○○○號。

48.（2）廠商欲宣播化妝品廣告時，應於事前向：（1）衛生署（2）省（市）衛生處（局）（3）縣（市）政府（4）縣（市）衛生局　提出申請。

49.（1）下列化妝品包裝應有許可字號方是合法的為：（1）面皰霜（2）香皂（3）髮膠（4）固髮料。

50.（2）下列化妝品包裝可無保存期限及保存方法者為：（1）燙髮劑（2）香皂（3）染髮劑（4）含維生素A之面霜。

51.（1）合法之國產染髮劑應有下列許可字號：（1）衛署妝製（2）一般化妝品（3）市衛妝　字第○○○○○○號。

52.（1）進口染髮液應有：（1）衛署妝輸（2）省衛妝（3）高市衛妝（4）北市衛妝　字的許可字號。

53.（4）須申請備查之化妝品為：（1）燙髮液（2）染髮液（3）生髮水（4）整髮液。

54.（2）生髮水係屬：（1）藥品（2）含藥化妝品（3）一般化妝品（4）日用品。

55.（2）化妝品係指施於人體外部，用以潤澤髮膚，刺激嗅覺，掩飾體臭或：（1）增進美麗（2）修飾容貌（3）促進健康

（4）保持身材　之物品。

56.（4）合法之進口燙髮劑應有下列許可字號：（1）衛署妝製（2）一般化妝品（3）省衛妝（4）衛署妝輸　字第○○○○○○號。

57.（4）擦於皮膚上用以驅避蚊蟲之產品，係屬：（1）藥品（2）含藥化妝品（3）一般化妝品（4）環境衛生用藥管理。

58.（1）化學性脫毛劑係屬：（1）藥品（2）含藥化妝品（3）一般化妝品（4）日用品。

59.（4）染髮劑的包裝可以無：（1）許可字號（2）廠名（3）廠址（4）規格。

60.（4）任何化妝品均應標示：（1）保存期限（2）出廠日期（3）保存方法（4）廠名。

61.（1）未經領有工廠登記證而製造化妝品者，可處：（1）一（2）二（3）三（4）四年　以下有期徒刑。

62.（1）未經領得含藥化妝品許可證而擅自輸入含藥化妝品者，可處：（1）一（2）二（3）三（4）四年　以下有期徒刑。

63.（1）化妝品中禁止使用氯氟碳化物（Freon），係因它在大氣層中會消耗：（1）臭氧（2）氧氣（3）二氧化碳（4）一氧化碳　使得皮膚受到紫外線的傷害。

64.（2）化妝品衛生管理係由行政院衛生署納入：（1）醫政（2）藥政（3）防疫（4）保健　管理業務的一環。

65.（3）供應來源不明的化妝品，處新台幣：（1）二十（2）十五（3）十（4）五　萬元以下罰鍰。

66.（3）未經核准擅自分裝輸入化妝品者，處新台幣：（1）二十（2）十五（3）十（4）五　萬元以下罰鍰。

67.（4）化妝品衛生管理條例最近一次的修正是於民國：（1）七十七（2）七十八（3）七十九（4）八十　年。

68.（3）養髮液係屬：（1）藥品（2）含藥化妝品（3）一般化妝品（4）日用品。

69.（4）（1）燙髮劑（2）染髮劑（3）生髮水（4）髮蠟　係屬一般化妝品。

70.（3）應有許可字號之化妝品為：（1）髮蠟（2）美髮水（3）染髮劑（4）剃鬍膏。

71.（4）經公告免予申請備查之頭髮用化妝品為：（1）整髮液（2）髮蠟（3）髮表染色劑（4）三者皆是。

72.（3）依化妝品衛生管理條例規定，化妝品包裝必須刊載：（1）商標（2）規格（3）成分（4）售價。

73.（4）化妝品包裝上可無需刊載的有：（1）品名（2）廠名（3）廠址（4）規格。

74.（2）化妝品有異狀時，應：（1）趕快用完（2）立刻停用（3）降價出售（4）當贈品。

75.（3）化妝品應置於：（1）較高溫（2）較低溫（3）適溫（4）強光　的地方，以防止變質。

76.（1）含藥洗髮劑標示可以：（1）使頭髮變黑（2）清潔頭髮（3）潤髮（4）去頭皮屑　是違法產品。

77.（2）下列含藥化妝品廣告是違法的：（1）清潔頭髮（2）促進頭髮生長（3）滋潤頭髮（4）去頭皮屑。

78.（1）髮油的包裝可以無：（1）備查字號（2）廠名（3）廠址（4）成分。

79.（1）下列洗髮精有許可字號者為：（1）含ZP的洗髮精（2）不含醫療或毒劇的洗髮精（3）任何洗髮精（4）任何洗髮精都不需要。

80.（4）合法進口之清潔頭髮洗髮精應有下列許可字號：（1）衛署妝製（2）衛署妝輸（3）省衛妝（4）免備查，無許可字

號。

81.（2）標示「衛署妝輸字第○○○○號」之產品，係屬：（1）藥品（2）含藥化妝品（3）一般化妝品（4）衛生用品。

82.（1）標示「衛署妝製字第○○○○號」之產品，係屬：（1）國產含藥化妝品（2）輸入含藥化妝品（3）國產一般化妝品（4）輸入一般化妝品。

83.（4）髮蠟應有下列備查字號：（1）一般化妝品（2）衛署妝製（3）衛署妝輸（4）免備查。

84.（1）化妝品衛生管理條例所稱仿單，係指化妝品附加之：（1）說明書（2）圖案（3）贈品（4）貨物稅憑證。

85.（1）國內製造的化妝品，其品名、標籤、仿單及包裝等刊載之文字，應以：（1）中（2）英（3）法（4）日　文為主。

86.（3）進口化妝品的包裝可以無：（1）輸入商號名稱；（2）輸入商號地址；（3）中文廠名；（4）成分。

87.（1）經公告免予申請備查之一般化妝品，其包裝可以無須標示：（1）備查字號（2）廠名（3）廠址（4）成分。

88.（1）販賣、供應101毛髮再生精，係違反：（1）藥事法（2）化妝品衛生管理條例（3）商標標示法（4）公平交易法。

89.（1）我國化妝品係於民國：（1）六十一（2）六十五（3）七十一（4）七十四　年開始納入管理。

女子美髮丙級學術科證照考試指南

編　　著／黃振生
出 版 者／揚智文化事業股份有限公司
發 行 人／葉忠賢
責任編輯／賴筱彌
執行編輯／范維君
登 記 證／局版北市業字第 1117 號

地　　址／台北市新生南路三段 88 號 5 樓之 6

電　　話／886-2-23660309　886-2-23660313

傳　　真／886-2-23660310

印　　刷／鼎易印刷事業股份有限公司

法律顧問／北辰著作權事務所　蕭雄淋律師

二版一刷／2001 年 8 月

 I S B N ／957-818-293-7

定　　價／新台幣 1200 元

郵政劃撥／14534976

帳　　戶／揚智文化事業股份有限公司

 E–mail ／tn605541@ms6.tisnet.net.tw

網　　址／http://www.ycrc.com.tw

國家圖書館出版品預行編目資料

女子美髮丙級學術科證照考試指南／黃振生編著.
-- 二版. -- 台北市：揚智文化，2001〔民90〕
　　面；　公分

　　ISBN　957-818-293-7（精裝）

　1. 理髮 – 手冊，便覽　2. 理髮業 – 考試指南
　3. 美髮業 – 考試指南

424.5026　　　　　　　　　　　　　　90007843

超越巔峰挑戰自我

女子美髮乙級**術科**證照考試指南 《黃振生編著》

　　目前女子美髮技術士證照最高級數為乙級，亦是講師必備條件之一，由於乙級比丙級的技巧更為艱深，對於想在技術上有更大突破或自我挑戰者有非常大的幫助。

　　本書係針對乙級術科試題內容為主，全書均為彩色頁，每一試題都有詳細的操作步驟，分解清晰易懂，能使考生依序學習。相信只要掌握技巧，勤加練習，想考取並非難事。

超越顛峰挑戰自我

女子美髮乙級**學科**證照考試指南 《黃振生編著》

　　本書係針對女子美髮乙級學科考試內容加以整理分析，並將正確解答完整呈現，讓考生在閱讀時，避免死記，加深印象，並將理論觀念活用於工作上。

　　由於女子美髮乙級學科的內容較為深入，建議您需將丙級學科內容熟記後，再閱讀本書即能得心應手。